お客様各位

『Microsoft Copilot Technology 1ヶ月でAIリーダーになる本』
誤表記のお詫びと訂正のお知らせ

平素より格別のご高配を賜り、厚く御礼申し上げます。

この度、弊社が発行いたしました『Microsoft Copilot Technology 1ヶ月でAIリーダーになる本』の下記ページにおきまして、誤表記があることが判明いたしました。

P206 ～ P207 索引 参照ページ

お客様には多大なご迷惑をおかけしましたことを、深くお詫び申し上げます。
正しい表記につきましては、本紙裏面の見開きをご確認いただければ幸いです。

今後も、お客様にご満足いただける書籍作りに努めてまいりますので、何卒ご理解賜りますようお願い申し上げます。

以上

2024年9月
株式会社ミラクルソリューション
SI事業部 武藤 孝史

索引

A
AI 3

B
Bing Chat 16
Bing Chat Enterprise 18

C
ChatGPT 14
Copilot 13
Copilot Copyright Commitment 45
Copilot for Azure 49
Copilot for Microsoft 365 .... 15, 17, 21, 46
Copilot GPT Builder 20
Copilot in Excel 115
Copilot in Outlook 131
Copilot in Teams 55
Copilot in Windows 49
Copilot Lab 35, 191
Copilot Pro 20, 46
Copilot プラグイン 50

F
Few-Shot Prompting 40

G
GPT 20

I
Intelligent Recap 62

M
Microsoft 365 Copilot 13, 15, 17
Microsoft Copilot 46
Microsoft Copilot Studio 50
Microsoft Designer 29
Microsoft Excel 48
Microsoft Graph 49
Microsoft Graph コネクタ 49
Microsoft Graph コネクタ API 50
Microsoft Graph コネクタギャラリー 50
Microsoft Learn 192
Microsoft Loop 150
Microsoft Outlook 48
Microsoft Power Automate 156

Microsoft Power Apps 161
Microsoft PowerPoint 48
Microsoft Teams 49
Microsoft Whiteboard 144
Microsoft Word 48

O
OKR 37

R
Role-Play Prompting 40

S
Semantic Index for Copilot 51
SharePoint Online 14

V
Viva Goals 37

W
Web content プラグイン 37
Windows Copilot 17

Z
Zero-Shot Prompting 39

あ
アウトライン 40
アルゴリズム 6

い
意味解析 8

き
機械学習 6
強化学習 7
教師あり学習 6
教師なし学習 6

く
グラウンディング 15

け
形態素解析 8

Microsoft Copilot Technology

1ヶ月で AIリーダーになる本

ミラクルソリューション著

私たちと一緒にAIリーダーになろう！

みらんくん　みらくる犬　くるんちゃん　AIくん

- Azure、Bing、Excel、Microsoft 365、Microsoft Edge、Microsoft Loop、Microsoft Teams、OneDrive、Outlook、PowerApps、Power Automate、PowerPoint、SharePoint、Windowsは、Microsoft Corporationの米国およびその他の国における登録商標です。
- その他、本文中の会社名、システム・製品名は、一般に各社の登録商標または商標です。
- なお本書では、TM、®マークは明記していません。
- インターネットのWebサイト、URLなどは、予告なく変更されることがあります。

©2024　本書の内容は著作権法上の保護を受けています。著作権者、出版権者の文章による許諾を得ずに本書の内容の一部、あるいは全部を無断で複写・複製・転載することは、禁じられております。

はじめに

　AI は、人間を模倣する技術として近年急速に発展しています。画像認識や音声認識、自然言語処理など様々な分野で高いパフォーマンスを発揮し、人間の代わりに作業を行うだけでなく、時には人間の創造性を刺激するパートナーとして活躍しています。

　その中でも特に注目されているのが、生成 AI と呼ばれる技術です。生成 AI は、人間が書いたテキストや画像などを元に、新しいテキストや画像などを生成することができる AI です。生成 AI は人間の想像力を拡張し、新しいアイデアや解決策を提供してくれて、文章の作成やコーディング、デザインなど、様々な分野で応用されています。

　本書では、生成 AI の一つである Microsoft Copilot for Microsoft 365 に焦点を当てています。

　Microsoft Copilot for Microsoft 365 の基本的な使い方から、応用的な活用法まで、幅広く紹介しており、これを読めば、Microsoft Copilot for Microsoft 365 を使って、日々の業務の効率化や新しいアイデア出しを手伝ってもらうことができます。

　生成 AI がある時代の仕事は、単純な作業を AI に任せるだけでなく、AI と協力してより高度な作業を行うことが求められます。そのためには、AI の能力や限界を理解し、AI に適切な指示を与えることができる AI リーダーが必要です。

　ぜひこの本を読んで、AI リーダーになることを目指してみてください。

2024 年 7 月　株式会社ミラクルソリューション
SI 事業部　武藤孝史

目 次

Chapter 1　AI とは何か？
章の概要 ... 2
1 － 1　AI の定義と基本情報 ... 3
1 － 2　AI の主要な技術 ... 6
1 － 3　自然言語処理 ... 8

Chapter 2　Copilot とは何か？
章の概要 ... 12
2 － 1　Copilot とは ... 13
2 － 2　Copilot の変遷 ... 16
2 － 3　Edge の Copilot を試す ... 19
2 － 4　Teams 用 Copilot アプリ ... 32
2 － 5　プロンプトエンジニアリング ... 38

Chapter 3　Copilot を利用できる各 Microsoft 製品
章の概要 ... 44
3 － 1　Copilot 生成物の権利と保証 ... 45
3 － 2　Copilot のライセンス形態 ... 46
3 － 3　Copilot を利用できる主な Microsoft 製品 ... 48

Chapter 4　Copilot in Teams
章の概要 ... 54
4 － 1　Copilot in Teams とは ... 55
4 － 2　Teams 会議の Copilot ... 57
4 － 3　チャットの Copilot ... 64
4 － 4　チームの Copilot ... 70
4 － 5　メッセージボックスの Copilot ... 72
4 － 6　Copilot in Teams 関連演習 ... 75

Chapter 5　Copilot in Word
章の概要 ... 80
5 － 1　Copilot in Word とは ... 81
5 － 2　文章作成の支援 ... 82
5 － 3　文章の翻訳 ... 94
5 － 4　Copilot in Word 関連演習 ... 96

Chapter 6　Copilot in PowerPoint
章の概要 ... 100
6 － 1　Copilot in PowerPoint とは ... 101
6 － 2　Copilot in PowerPoint の活用法 ... 102
6 － 3　Copilot in PowerPoint 関連演習 ... 111

Chapter 7　Copilot in Excel

- 章の概要 ... 114
- 7 − 1　Copilot in Excel とは ... 115
- 7 − 2　Copilot in Excel の主な活用法 ... 116
- 7 − 3　Copilot in Excel 関連演習 ... 126

Chapter 8　Copilot in Outlook

- 章の概要 ... 130
- 8 − 1　Copilot in Outlook とは ... 131
- 8 − 2　Copilot in Outlook の主な活用法 ... 132
- 8 − 3　Copilot in Outlook 関連演習 ... 139

Chapter 9　その他アプリケーションでの Copilot

- 章の概要 ... 142
- 9 − 1　その他アプリケーションでの Copilot の活用 ... 143
- 9 − 2　Copilot in Whiteboard ... 144
- 9 − 3　Copilot in Loop ... 150
- 9 − 4　Copilot in Power Automate ... 156
- 9 − 5　Copilot in Power Apps ... 161
- 9 − 6　その他アプリケーションでの Copilot 関連演習 ... 165

Chapter 10　Copilot for Microsoft 365 のユースケース

- 章の概要 ... 168
- 10 − 1　社内文書を検索して必要部分を抜粋する ... 169
- 10 − 2　作成したドキュメントの内容を校閲する ... 171
- 10 − 3　Teams 会議をセッティングし、決定事項の共有を行う ... 174
- 10 − 4　提案書を作成し、文書からスライドを作成する ... 177
- 10 − 5　職務経歴書から面接の準備をする ... 180
- 10 − 6　財務データを分析、評価する ... 184

Chapter 11　終わりに

- 章の概要 ... 190
- 11 − 1　Copilot の最新情報 ... 191
- 11 − 2　終わりに ... 193

Appendix

- 参考資料 ... 196
- 索引 ... 206

Chapter 1
Chapter1 AIとは何か?

Chapter 1　章の概要

 章の概要

この章では、以下の項目を学習します

1-1　AIの定義と基本情報
1-2　AIの主要な技術
1-3　自然言語処理

スライド1：章の概要

Memo

1-1 AIの定義と基本情報

1-1　AIの定義と基本情報

- ■AIの定義
- ■AIの歴史
- ■AIの種類
- ■AIの活用例

スライド 1-1：AI の定義と基本情報

AI の定義

AI はこれまで長い歴史があり、現在に至るまでに様々な変化を遂げてきました。そのような AI ですが、近年は多くの研究者により AI の研究が進められており、それぞれが異なる言葉で AI を定義付けているため明確な定義が存在しません。しかし、一般的には「人工的につくられた人間のような知能、ないしはそれを作る技術」または「状況によって自律的に行動を変える機械」と理解されています。AIの定義は時代が進むに連れ変化していることから、今後も AI の理解され方が変わってくるかもしれません。

AI の歴史

現在、多くの人に AI を認知されていますが、ここまで認知されるまでに姿形を変えながら壮大な歴史を歩んできました。1950 年代にはじめて AI が誕生し、70 年以上にわたって続く歴史は一言では表せないほど深く、現在も私たちの生活に大きな影響を与え続けています。ここでは、70 年以上にわたる歴史を簡潔に説明します。

☐　AI のはじまり（1900 年代〜）
- ・古代から「オートマトン」と呼ばれる自動機械が存在しました。これは、特定の入力に対して決まった出力を行う装置で、機械的な知能の初期の形態といえます。
- ・20 世紀に入り、数学者アラン・チューリングが「チューリングテスト」を提案しました。このテストは人工知能が人間と区別できないような応答をするかどうかを評価するものでした。
- ・1956 年にはジョン・マッカーシーが「人工知能」という名前を初めて公式に使用し、ダートマス会議で AI 研究の方向性を議論しました。

☐　第 1 次 AI ブーム（1950 年代後半〜1970 年代）
- ・1950 年代後半から 1960 年代にかけて、AI 研究が本格的に始まりました。ロジックベースのエキスパートシステムや LISP といったプログラミング言語が登場しました。
- ・しかし、当時の技術では限界があり、多くの研究者が AI の進展を期待していたものの、結果的に「AI 冬の時代」と呼ばれる停滞期に入りました。

- 第2次AIブーム（1980年代〜1990年代）
  - 1980年代に入り、専門家システムや専門家知識を活用したAIが注目されました。これは、特定の分野で高度な知識を持つ人々の知識をコンピュータに取り組むアプローチです。
  - また、機械学習の研究も進み、ニューラルネットワークや決定木などの手法が開発されました。

- 第3次AIブーム（2000年代〜2020年代）
  - 2000年代以降、インターネットの普及や大規模データの利用が進み、機械学習やディープラーニングの研究が加速しました。
  - 特に、ニューラルネットワークを用いた大規模言語モデルの登場が大きな転換期となりました。

- 第4次AIブーム（2020年代初頭〜現在）
  - 現在はトランスフォーマー技術をベースにした大規模言語モデルが注目されています。このモデルは自然言語処理や画像認識などのタスクで驚異的な成果をあげています。

AIの進化は現在もなお継続しており、私たちの日常生活やビジネスに大きな影響を与えています。次の節では、現在主に使われているAIの種類について説明します。

AIの種類

AIは目的と応用範囲によって様々な種類に分類することができますが、大きく分けて特化型AI、汎用型AI、人工越知能の3つの種類に分けることができます。これら3つの種類について詳細に説明していきます。

- 特化型AI

  特化型AI（ANI：Artificial Narrow Intelligence）は、特定のタスクや領域に特化したシステムのことをさします。現在の生活の中に存在するAIはすべて特化型AIになります。

  その中でも将棋では、初手から詰みまでの組み合わせの数である10220通りを1つ1つの局面にあった打ち方を自動的に学習した結果、2012年より始まったプロ棋士とAI将棋ソフトのチーム対戦では、4年間で10勝5敗1分けとなり、その後も2016年と2017年にプロ棋士に連勝し、もはやトッププロ棋士でさえも将棋AIに勝てない状況になっています。

- 汎用型AI

  汎用型AI（AGI：Artificial General Intelligence）は、人間の知能を模倣し、様々なタスクや領域に適用できる一般的な知能を持つシステムをさします。特化型AIとの大きな違いとしては特定の分野にとらわれず、想定外の状況でも自ら学習し、能力を応用して処理することができるところにあります。

  汎用型AIには科学技術、教育、医療など多くの領域に革新をもたらす可能性を秘めており、実用化には高い期待が寄せられています。しかし、数多くの企業・研究機関が実現に取り組んでいますが、実現には遠い状態になっています。

- 人工越知能

  人工越知能（ASI：Artificial Superintelligence）は人間以上の知能を持ち、これまで人間にできなかった高度なことも自動で処理することができるAIです。人間の知能を遥かに超えるのみならず、自己目的を持ち、自己意思決定を行うので、人間からの命令を聞くことなく行動することができます。そのため、人工越知能では多くの議論が交わされており、その潜在的影響は想像を絶するものとなっています。

AIの活用例

ここまでAIの定義や種類について紹介しましたが、実際にどのような場面でAIが使われているかを紹介します。

AIは主に識別、予測、実行、対話、生成の5つで使われており、代表的なものではFace IDや需要予測AI、ChatGPT、Copilot、Alexaなどがあげられます。

また、仕事や生活面での具体的な活用例として以下があげられます。

・会員の閲覧履歴や購買パターンをもとに、その傾向にあったプロモーションを行う
・気候や土壌条件などから作物の生育を予測し、農作業を最適化してコスト削減をする
・コーディングを行う際に内容と使用するプログラミング言語を伝えコードを生成する
・検査画像データを解析し、医師が診断できなかった病気を発見する

ここで紹介した例以外にも多くの場面で人の手で行われていた作業を素早く、精度高く実施できるようになっています。本書で紹介するCopilotは特にビジネス面で活躍する場面が多くあり、数多くの企業で使用されています。これらは1つの技術のみではなく、いくつもの技術が使われています。次の節ではAIの主要な技術について紹介します。

1-2　AIの主要な技術

1-2　AIの主要な技術

- ■機械学習
- ■ニューラルネットワーク
- ■ディープラーニング

スライド 1-2：AI の主要な技術

機械学習

　機械学習は大量のデータをもとに AI が自ら学習し、予測や作業をするためのモデル・アルゴリズムを自動で形成できる技術です。機械学習の方法は「教師あり学習」「教師なし学習」「強化学習」の3種類があり、それぞれで学習の仕方が変わってきます。

☐ 教師あり学習

　教師あり学習は正解データの用意されたデータをもとにルールやパターンなどを学習する方法です。需要予測や画像認識などに使われています。この教師あり学習は正解データをもとに学習されるため、ほかの学習方法よりもより正答率の良い回答を出力してくれます。

☐ 教師なし学習

　教師なし学習は正解データのない大量のデータをグルーピングしながら、ルールやパターンを見出す学習方法です。この学習方法は EC サイトにおけるレコメンドやターゲットマーケティングなどに使われます。

	教師あり学習	教師なし学習	強化学習
特徴	用意された正解データをもとにルールやパターンなどを学習する方法	正解データのない大量のデータをグルーピングしながら、ルールやパターンを見出す方法	データが何もない状態から学習が始まり、自ら試行錯誤しながら結果を学習していく学習方法
目的	与えられたデータから特定のパターンや関係性を見つけ、未知のデータに対して予測や分類を行うため	データ内に存在する未知のパターンや規則性を見つけ出すため	ある目的に対してスコアを最大化するため
例	・手書き数字の認識 ・スパムメールの分類 ・動物の画像の識別	・クラスタリング 　（似たテーブルをグループ化） ・異常検出 ・トピックモデリング	・ゲームプレイ ・ロボット制御 ・自動運転

図 1-1

□ **強化学習**

　強化学習はデータがない状態から始まり、自ら試行錯誤しながら結果を学習していく学習方法です。実際に将棋のゲームシステム、二足歩行ロボット、掃除ロボットなどに使われています。この学習方法は、ある目的に対してスコアを最大化するために最適な学習方法です。

ニューラルネットワーク

　ニューラルネットワークとは人間の脳の構造に似た機械学習アルゴリズムです。入力と出力の間に中間層と呼ばれる構造を設けることで分析を多層化して学習することができます。また、個々の分析に重要度を設定する「重み付け」という処理を加えることで精度を高めていきます。

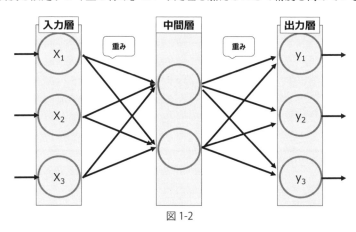

図 1-2

ディープラーニング

　ディープラーニング（深層学習）とはニューラルネットワークを用い、より高い精度の分析を可能にする学習方法です。入力されたデータからルールやパターンを見つけ出す際に処理（中間層）を多層化することで、より正確な判断を出力することができます。この方法によって学習が難しいとされていた画像や自然言語などの非構造化データも学習できるようになりました。

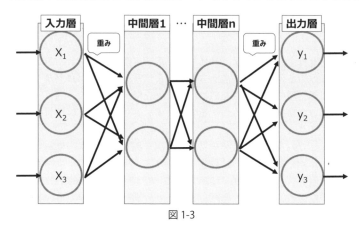

図 1-3

　ディープラーニングを活用したものとして、画像の自動認識・自動生成や自動運転の作業支援のみならず、小説や音楽、イラストなどの創作物も作成できるようになったため、AIの可能性は現在もますます広がっています。

　次の節ではディープラーニングの技術を用いた自然言語処理について説明します。

1-3 自然言語処理

1-3 自然言語処理

■自然言語処理の概要
■大規模言語モデル(LLM)

スライド 1-3：自然言語処理

自然言語処理の概要

　自然言語処理（NLP：Natural Language Processing）とは、人間の言語に対してコンピュータが意味の解析を行うための処理のことをさします。自然言語処理の応用であるディープラーニングを活用することで、文章の自動生成や翻訳、文章から情報の抽出ができます。また、文章中の感情を分析することや音声認識技術の応用もできます。例として、SNSで投稿された文章から、その人の感情を判断する「感情分析」があります。これは、文章を解析することで感情を判断し、ポジティブ、もしくはネガティブな文章なのかを分類することができます。
　自然言語処理には主に形態素解析、構文解析、意味解析、固有表現認識の4つの解析があります。形態素解析は文を単語に分割し、それぞれの単語の品詞を特定する解析手法です。ここで分割された1つ1つの単語を形態素という基本単位になり、文章を理解するためにとても重要な自然言語処理の基盤となっています。
　構文分析は文の構造を解析する手法です。具体的には形態素解析で得られた単語間の関係性を明らかにし、文の構造を把握する作業をさします。構文分析は、自然言語処理やプログラミングにおいて重要な基盤技術であり、正確な情報処理を実現するためには不可欠な解析手法です。
　意味解析はテキストから意味を抽出する作業をさします。具体的には文法解析や特定の文脈における単語間のつながりを認識することで、コンピュータはフレーズ、パラグラフ、さらには原稿全体を理解し、解釈することができます。この意味解析はデータをより深く掘り下げ、ユーザーに貴重なインサイトを与え、より良い意思決定や体験を提供するのに役立っており、チャットボット、検索エンジン、機械学習を用いたテキスト分析などのアプリケーションのインスピレーションとなっています。
　固有表現認識は文章から人名、組織名、場所、日付などの固有名詞を特定し、分類する技術です。この解析手法は情報抽出、顧客サポート、自然言語理解、医療分野、法的文書の解析などで活用されています。
　これらの解析手法を活用している自然言語処理ですが、ChatGPTなどで話題の「大規模言語モデル（LLM：Large Language Models）」といった技術もあります。次に大規模言語モデルについて説明します。

大規模言語モデル（LLM）

　大規模言語モデルは膨大な「計算量」「データ量」「パラメータ数」で構築された自然言語処理モデルで

す。パラメータ数に関する定義はありませんが、数十億以上のパラメータをもつ言語モデルを指すのが一般的と言われています。当然ですが、パラメータ数が多いと、より高度な言語生成能力を持つようになり、その結果として自然で流暢なテキストの生成や複雑な質問への回答などが可能となります。

従来の言語モデルではテキストデータであれば単語に分割した後に人がラベルづけをする必要がありましたが、大規模言語モデルでは大量のテキストデータを与えることで、トークンから文脈や言葉の意味を学習できます。この学習した結果から、特定の言葉に続く確率が高いと考えられる言葉・文章を並べられるものが大規模言語モデルになります。

また、一般的には大規模言語モデルをファインチューニングすることによって、テキスト分類や感情分析、情報抽出、文章要約、テキスト生成、質問応答といった、様々な自然言語処理タスクに対応できます。ファインチューニングとは、あるデータセットを使って事前学習した訓練済みモデルの一部もしくは全体を別のデータセットを使って再トレーニングすることで、新たな知識を蓄えたより質の良いモデルを作り出す技術になります。

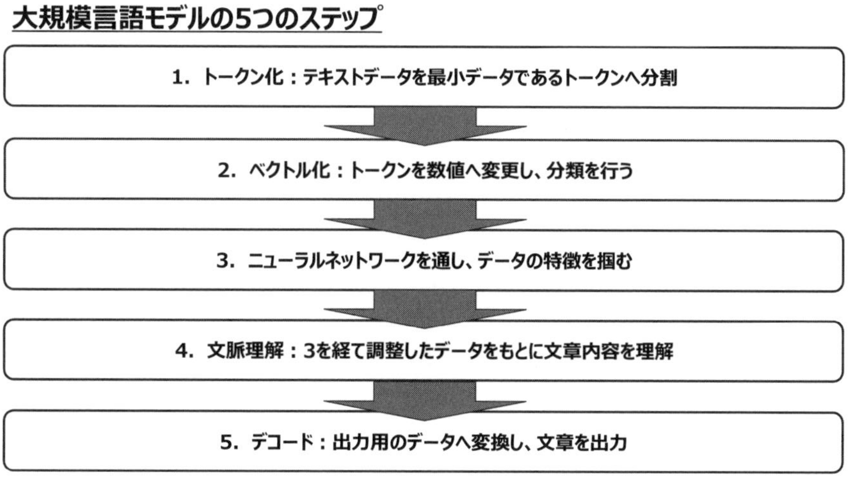

大規模言語モデルの5つのステップ

1. トークン化：テキストデータを最小データであるトークンへ分割
2. ベクトル化：トークンを数値へ変更し、分類を行う
3. ニューラルネットワークを通し、データの特徴を掴む
4. 文脈理解：3を経て調整したデータをもとに文章内容を理解
5. デコード：出力用のデータへ変換し、文章を出力

図1-4

大規模言語モデルを活用した代表サービスにはChatGPT、Gemini、Microsoft Copilotなどがあります。次の章からは仕事をするうえで品質が良く、業務効率化を実現させることができるMicrosoft Copilotについて説明します。

Memo

Chapter 2
Copilot とは何か？

Chapter 2　章の概要

 章の概要

この章では、以下の項目を学習します

2-1　Copilotとは
2-2　Copilotの変遷
2-3　EdgeのCopilotを試す
2-4　Teams用Copilotアプリ
2-5　プロンプトエンジニアリング

スライド2：章の概要

Memo

2-1 Copilotとは

2-1 Copilotとは

- ■ Copilotは仕事の副操縦士
- ■ Copilotの特徴

スライド 2-1：Copilot とは

Copilot は仕事の副操縦士

2023 年 3 月、Microsoft 社から革新的な AI サービス「Microsoft 365 Copilot[※1]」が発表されました。Word、Excel、PowerPoint、Outlook、Teams といった Microsoft 365 製品に LLM（大規模言語モデル）を搭載した Copilot[※2] は、AI の力で業務を大幅に効率化します。Microsoft 社はこの発表の中で Copilot を「仕事の副操縦士」と形容し、ユーザーの業務を強力にサポートする存在であることを強調しています。

※1 「Microsoft 365 Copilot」は、LLM の能力と、Microsoft 365 アプリのデータや Microsoft Graph（カレンダー、メール、チャット、ドキュメント、会議などを含む）の統合により、ユーザーの作業効率を高めます。現在、「Copilot for Microsoft 365」という名称でサービスが提供されています。

※2 Copilot は、Microsoft 社が提供する生成 AI を備えた製品群を表すブランドです。生成 AI が搭載された Microsoft 社製品の多くはサービス名に「Copilot」が含まれています。「Copilot for Microsoft 365」もその一部です。なお、Microsoft 社の提供している検索エンジン型チャットボットの名称も「Copilot」なので、文脈によってはこのチャットボットのことをさす場合もあります。

□ 副操縦士「Copilot」の役割

「Copilot」とは、まさに副操縦士を意味します。航空機において機長を補佐する副操縦士になぞらえ、AI の役割を「ユーザーをサポートする存在」と位置づけています。業務の迷いを方向づけるアドバイスや、文書校正などの手間のかかる作業を代行するなど、「Copilot」は常にユーザーの隣でサポートしてくれるパートナーです。

また、「Copilot」には「主導権は常にユーザーにある」という意味も含まれています。AI に何を指示し、どのような成果を得たいかはユーザー自身が意思決定しなければなりません。生成 AI 時代においても、AI を監督し適切な指示を出すのは、パイロットであるユーザー自身の役割なのです。

□ Microsoft 社の AI 戦略と Copilot ブランド

Microsoft 社のサティア・ナデラ CEO は、「私たちのすべての製品に AI 機能を搭載する」と明言しています。その言葉どおり、Microsoft 社は次々に AI 関連製品を発表しており、多くの製品

名に「Copilot」というキーワードを含めています。ナデラ氏は「MicrosoftはCopilotの会社です」とまで発言しており、今最も開発に力を注いでいるAI関連製品の数々を「Copilot」ブランドとしてマーケティングしています。

Copilotの特徴

AI技術の進化は、ビジネスのあり方を変えようとしています。その中でも、ChatGPTとCopilotは、AIを用いて文章生成や業務効率化を実現するツールとして注目されています。一見類似しているように見えますが、その機能や用途は大きく異なります。

☐ **ChatGPT：会話に特化した強力なAIアシスタント**

ChatGPTは、機械学習、深層学習、自然言語理解、自然言語生成を駆使した対話型AIです。チャットボットのように、ユーザーの質問に答えたり、会話に応答したりできます。インターネット上の膨大なデータで訓練されており、その特徴は会話に特化している点です。以下に、ChatGPTを用いて実現できるタスクの一例を挙げます。

・メールの文章を作成する（昨日の先方との打合せについてお礼文を作成してくださいなど）
・インターネット検索のような情報収集（日本の現総理大臣は誰ですか？など）
・プログラムコードの記述（複数のメールを一斉送信するExcelマクロを組んでくださいなど）
・長文の内容を要約する（この文章の要点を箇条書きで3点教えてくださいなど）

☐ **Copilot：Microsoft製品と連携したAIによる強力なサポート**

Copilotは、Microsoft製品に搭載されたAI製品群です。ChatGPTと同様に、インターネット上の情報を検索し、ユーザーの質問に自然言語で回答したり、指示された条件に基づいて文章を生成したりする機能を持っています。

CopilotがChatGPTと大きく異なっている点は、インターネット上の情報だけでなく、LLMが「Microsoft Graph」やMicrosoft 365アプリケーションと連携することで、インターネット上だけでなく会社組織内のデータからも回答を作成できる点です。

「Microsoft Graph」とは、Microsoft 365において様々なデータへのアクセスを提供する入口です。たとえば、SharePoint Onlineで社内資料を管理しているとします。新入社員が「立替経費が発生した際の精算をどのように申請すればいいか」とCopilotに質問すると、CopilotはMicrosoft Graphを通じて会社のSharePoint Online内を検索します。そして経費精算についてのQ&Aがまとめられたマニュアルを見つけて内容を学習し、ユーザーに回答します。

Microsoft 365 Copilotの仕組み

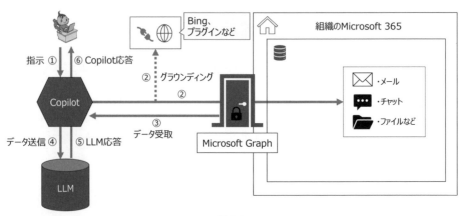

図2-1

☐ Microsoft 365 Copilot の仕組み

Microsoft 365 Copilot（Copilot for Microsoft 365）の仕組みについて、図2-1をもとに解説します。

・はじめに、①でユーザーからプロンプト（AIへの指示文）が入力され、Copilotがこれを受け取ります。プロンプトはWordやPowerPointなどを含む様々なCopilot製品を通じて入力されます。
・Copilotがプロンプトを受け取ると、②のようにMicrosoft Graphを通じて回答生成のために必要なデータソースにアクセスし、プロンプトの前処理を行います。これを「グラウンディング[※1]」と呼びます。グラウンディングではMicrosoft Graphのデータのみならず、Bingを通じてインターネット上のWebサイトを参照したり、Copilotの拡張プラグインを使ってサードパーティ製サービスのデータにアクセスしたりすることもできます。
・Copilotはユーザーへ応答する際、情報源として使用したMicrosoft Graph内のメールやチャット、ファイルなどのコンテンツを応答内に含めることができます。Copilotはこのようなプロンプト処理を行うため、③でMicrosoft Graphからデータを受け取り、プロンプトの修正を行います。修正したプロンプトは④のようにLLMに送信されます。

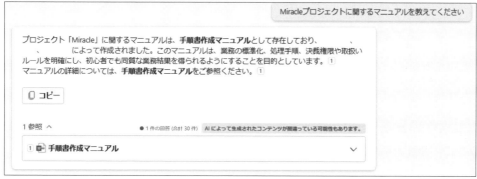

図2-2

・LLMからの応答をCopilotが受け取ると、プロンプトの後処理が行われます。ここでは、LLMで生成された回答が組織のセキュリティやコンプライアンス、プライバシーの設定に準拠しているかを照合します。最後に、修正された回答がユーザーへ送られます[※2]。

このように、CopilotはインターネットはMicrosoft情報だけではなく社内のデータを学習して回答を生成できます。

そのほかにも、「Copilot for Microsoft 365」というサービスを使ってOutlookのカレンダーやメール、Teams会議、チャットなどとも連携して強力なサポートを受けることができます。「Copilot for Microsoft 365」の各機能がどのように業務を効率化していくかはChapter4以降で解説します。

※1 グラウンディングは、生成AIにおいて検証可能な情報源とAIモデルの紐づけを行うことを意味します。AIモデルが実際の情報源を参照することで、回答の正確性を高めます。生成AIが事実と異なる内容をもっともらしく回答してしまう「ハルシネーション」を減らすことができ、信頼性が向上します。
※2 組織のセキュリティやコンプライアンスに準拠しているかを確認する際、裏側ではMicrosoft Graphを通じて組織のセキュリティ、コンプライアンス設定を確認するグラウンディングが行われます。

2-2　Copilot の変遷

2-2　Copilotの変遷

- ■Copilotの変遷
- ■2023年2月：Bing Chat発表
- ■2023年3月：Microsoft 365 Copilot発表
- ■2023年5月：Windows Copilot発表
- ■2023年7月：Bing Chat Enterpriseが発表

スライド 2-2：Copilot の変遷

Copilot の変遷

　Copilot は、2021 年の発表以来、AI 技術の進化と共に驚異的な速度で機能拡張を続けています。ここでは Copilot がどのように進化してきたか、主要な機能にフォーカスしてそのあゆみを振り返ります。

2023 年 2 月：Bing Chat 発表

　Microsoft は、AI を搭載した全く新しい Bing 検索エンジンと Edge ブラウザを発表しました。従来の検索エンジンとは異なり、Bing Chat はユーザーの求めている答えを予測し、完全な回答を提供します。たとえば、「今作っているケーキの卵を別の材料に置き換える方法」を検索すると、AI がウェブ上の検索結果をもとに回答を生成し、検索ページのトップに表示します。これにより複数の検索結果やレシピをスクロールする時間を短縮できます。

図 2-3

さらに、ChatGPTのような対話型チャットとして「Bing Chat[※]」が搭載されました。Bing Chatは複雑な検索、旅行の計画、購入予定のテレビを探すときなどなど様々な場面で大いに役立ちます。AIとのチャットを通して、詳細な情報や解説、アイデアを繰り返し質問し、完全な回答を得ることができます。

※「Bing Chat」は、ユーザーの質問や要求に自然言語で回答する対話型チャットです。Microsoft Edgeのサイトバーから展開することができます。2023年11月以降、Bing Chatはサービス名を「Copilot」に変更して提供されています。

2023年3月：Microsoft 365 Copilot発表

Microsoft 365サービスにAIを搭載した「Microsoft 365 Copilot[※]」が発表されました。Word、Excel、PowerPoint、Outlook、Teamsといった、Microsoft 365アプリケーションでAIによるサポートを受けることができます。たとえばMicrosoft 365 Copilotには以下のような機能があります。

☐ Word
・文章作成・編集・情報収集・要約をアシスト
・白紙のWordファイルから資料のドラフト作成
・作成した文章のフィードバック・表現修正（専門的、情熱的、カジュアルなど）

☐ PowerPoint
・簡単な指示でスライド作成
・長々としたプレゼンテーションの要約
・Wordドキュメントからスライド作成
・書式設定・アニメーション挿入

☐ Outlook
・メールスレッドの要約
・メール返信文案作成
・未読メールの要約・フラグ設定
・会議招待メールの作成・参加者の予定表から日程候補を提示

☐ Excel
・データ分析・加工・検索をサポート
・自然言語での数式作成・挿入・グラフ化
・適切な関数の提案

☐ Teams
・会議内容を要約・整理
・会議で発生したタスクや担当者をリスト化
・未解決の議題から次回議題を提案

※「Microsoft 365 Copilot」は2024年6月現在「Copilot for Microsoft 365」というサービス名で提供されています。「Copilot for Microsoft 365」の詳細な機能についてはChapter4以降で紹介します。

2023年5月：Windows Copilot発表

Windows 11のOS（オペレーティングシステム）にCopilotが搭載された、「Windows Copilot[※]」が発表されました。タスクバーのCopilotアイコンをクリックするか、ショートカットキー（Windowsキー＋C）を入力することでCopilotを起動できます。Bing Chatのようにインターネット上の検索が可能で

あるほか、Windows 上の設定を変更したりタスクを実行したりすることができます。
　たとえば、特定のアプリを開く、スクリーンショットを撮る、ディスプレイをダークモード（またはライトモード）にするなどのタスクを自然言語で Copilot に指示し、実行することができます。

※Windows Copilot は Windows 11 の OS に搭載された対話型 AI です。チャットベースで Windows 上の設定変更を行えるという特徴があります。Windows Copilot は 2023 年 9 月にサービス名を「Copilot in Windows」に変更して提供されています。

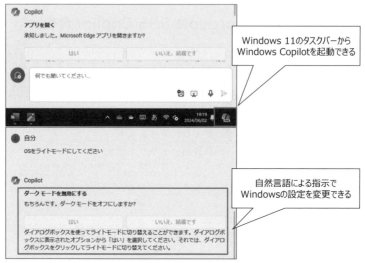

図 2-4

2023 年 7 月：Bing Chat Enterprise が発表

　2023 年 2 月に発表された Bing Chat の法人向けサービスである「Bing Chat Enterprise[※]」が発表されました。「Bing Chat Enterprise」は Bing Chat に商用データ保護機能を搭載したサービスで、AI に入力した業務データや出力された回答は確実に保護されます。
　商用データ保護により、AI が機密性の高いビジネスデータを流出させてしまうリスクを払しょくできます。AI とのチャット内容は一切保存されず、Microsoft 社を含め誰もアクセスすることはできません。また、AI モデルの学習に機密情報が利用されることもありません。

※「Bing Chat Enterprise」は、「Bing Chat」の企業向けサービスで、商用データを保護する機能が備わっています。「Bing Chat」および「Bing Chat Enterprise」は 2023 年 11 月よりサービス名を「Copilot」に変更して提供されています。

2-3　EdgeのCopilotを試す

2-3　EdgeのCopilotを試す

- Microsoft EdgeのCopilotとは
- Copilot(Edge)の利用要件
- 商用データ保護
- Copilot(Edge)を実践する

スライド2-3：EdgeのCopilotを試す

Microsoft EdgeのCopilotとは

2023年11月に「Bing Chat」および「Bing Chat Enterprise」はサービス名が「Copilot」に変更されました。Microsoft Edgeのサイドバーからアクセスすることが可能で、ChatGPTのようにユーザーの質問に答えたり会話に応答したりすることができる、会話に特化したAIです。本稿では旧Bing ChatであるCopilotのことをCopilot（Edge）と表記します。

Copilot（Edge）はMicrosoft社の提供するCopilotサービスの中でも基本的な機能のひとつで、チャットベースの生成AIにおける基本機能が詰まっています。ここでは、はじめて生成AIを学習する読者の皆様に向け、実践を交えて機能の紹介をしていきます。

Copilot（Edge）の利用要件

はじめに、Copilot（Edge）が利用できるプランを紹介します。個人向けプランおよび法人向けプラン

プランごとのCopilot機能

機能	個人向けプラン		法人向けプラン
	無料版	Copilot Pro	Copilot for Microsoft 365
LLMの使用 GPT-4 GPT-4 Turbo	△ アクセスピーク時 制限あり	○ 優先アクセス可	○ 優先アクセス可
画像生成 (Designer)	△ 15ブースト/日	○ 100ブースト/日	○ 100ブースト/日
Microsoft 365 アプリとの連携	×	△ Teamsを除く	○ Teamsを含む
Copilot GPT Builder	×	○	×
Microsoft Graph による組織内データ へのアクセス	×	×	○

※表は2024年6月現在の仕様を記載しています。

図2-4

があり、それぞれのプランで使用できる Copilot の機能は異なります。

□ **個人向けプラン**
　個人向けプランには、Copilot の無料版と「Copilot Pro」の2つがあります。

・Copilot（無料版）
　Copilot の無料版では、以下のような機能を利用することができます。

1. チャット形式での Web 検索
   会話形式で AI に指示することで、Web 検索をベースとした回答を得ることができます。

2. マルチモーダル検索
   テキスト、画像、音声など、様々な形式の情報を AI にインプットさせ、検索に利用できます。

3. LLM の利用
   GPT-4 や GPT-4 Turbo[※]などの高機能な LLM を利用することで、より精度の高い回答を得ることができます。無料版では、アクセスがピークとなる時間帯には利用できない場合があります。

4. 画像生成
   Microsoft Designer の機能を利用した画像生成を行うことができます。無料版では、画像生成の処理時間を短縮する「ブースト」機能が一日当たり 15 ポイント使用できます。

※GPT とは OpenAI 社が開発した LLM で、「Generative Pretrained Transformer」の略です。2024年6月時点の最新のモデルは「GPT-4o（オムニ）」です。テキストや音声、画像など複数の種類のデータを入力、出力できる「マルチモーダル」機能を持つ特徴があります。Copilot では従来モデルの GPT-4 や GPT-4 Turbo が利用できます。

・Copilot Pro
　Copilot Pro は、個人向けの有償プランです。月額 3200 円で利用することができます（2024年6月現在）。Copilot（無料版）のすべての機能に加え、以下の追加機能を利用可能です。

1. LLM への優先アクセス
   GPT-4、GPT-4 Turbo が、アクセスピーク時でも優先的に利用可能です。

2. 画像生成の豊富なブースト
   Microsoft Designer の画像生成に使えるブーストが1日当たり 100 ポイント付与されます。

3. Microsoft 365 アプリケーションと連携
   Web バージョンの Word、Excel、PowerPoint、OneNote、Outlook で Copilot を使用可能です（Teams は除く）。上記 Microsoft 365 アプリの Copilot をデスクトップアプリで使用するには、Copilot Pro に加え「Microsoft 365 Personal」または「Microsoft 365 Family」プランを契約する必要があります。

4. 独自の Copilot を作成
   「Copilot GPT Builder」で独自の Copilot を作成可能です。これは Copilot Pro でのみ提供されている機能です。「Copilot GPT Builder」は、Copilot GPT を独自にカスタマイズし、自由に AI アプリケーションを作成することができます。

通常のCopilotはあらかじめ学習したデータやWeb上の検索結果から回答を生成しますが、Copilot GPT Builderはファイルなどからデータを AI に学習させることができるため、特定の用途に特化させるといった使い方ができます。これにより、たとえば学生であれば自分の学習範囲に特化した AI 学習アシスタントを作成できます。ミュージシャンであれば自分が作曲したものや、お気に入りのアーティストの曲など様々な作品からメロディーや歌詞のヒントを得ることができます。

☐ 法人向けプラン

・Copilot for Microsoft 365

Copilot for Microsoft 365 は、法人向けの有償プランです。月額 4497 円で利用することができます（2024 年 6 月現在）。Microsoft Graph を通して組織内の Microsoft 365 データにアクセスし、業務の効率化とコラボレーションを実現します。Copilot for Microsoft 365 では以下のような機能が利用できます。

1. Microsoft 365 データへのアクセス

   Copilot（Edge）が組織内の SharePoint Online サイトなどに保存されたファイルを検索できます。

2. Teams を含めた Microsoft 365 アプリと連携

   Word、Excel、PowerPoint、OneNote、Outlook に加え、Teams と連携した Copilot 機能にアクセス可能です。

3. 企業のセキュリティ、プライバシー、コンプライアンスを反映

   Microsoft 365 の中で会社が独自に設定したポリシーを Copilot に適用することができます。たとえば、「Microsoft Purview Information Protection」で特定のファイルに「機密情報」であるとラベリングしたファイルは、Copilot でもアクセスすることができないため、AI の回答生成に使用されることはありません。

Copilot for Microsoft 365 を利用するには、以下の要件を満たす必要があります。

(1) Copilot for Microsoft 365 ライセンス：月額 4497 円
(2) Microsoft 365 法人向けプランへの加入：以下いずれか

① 大企業向け[※]：Microsoft 365 E3、E5、F1、F3、または Office 365 E1、E3、E5
② 一般法人向け：Microsoft 365 Business Basic、Business Standard または Business Premium
③ 教育機関向け：Microsoft 365 A3 または Microsoft 365 A5 for Faculty

※2024 年 4 月以降、大企業向け Microsoft 365 プランを新規契約する場合、プラン内に Teams のライセンスが含まれないようになりました。Teams に統合された Copilot 機能を利用するためには、Microsoft 365 プランの購入に加え、別途 Teams の個別ライセンスも用意する必要があります。

商用データ保護

近年 AI の認知が広がる中、生成 AI の持つ「入力された情報やファイルを学習する」機能にセキュリティ懸念を感じる企業は少なくありません。「AI が重要な機密情報を学習し、漏洩させるのではないか」という不安を払しょくし、企業によりセキュアに AI サービスを提供するための機能が、Copilot の「商用データ保護」です。2023 年 7 月発表された企業向けの Copilot である「Bing Chat Enterprise」に実装されました。ここでは商用データ保護の仕様や注意点について紹介します。

☐ **エンタープライズ向けのCopilotで利用可能**

　商用データ保護の提供目的は、ビジネスおよび教育機関が、企業データを保護してセキュアにCopilotを利用できるようにすることです。そのため、対象ユーザーがCopilotに「職場または学校のアカウント※」でサインインするときのみ商用データ保護を追加します。

※法人向けのMicrosoft 365プランで使われるアカウントです。職場や学校の管理者によって作成・管理されています。職場または学校のアカウントは組織の認証システム（Microsoft Entra ID）によってサインイン認証が行われます。法人向けのMicrosoft 365プランに加入している場合に利用することができます。法人向けのMicrosoft 365プランについては前述「2-3 EdgeのCopilotを試す」の「法人向けプラン」をご確認ください。

☐ **商用データ保護の機能**

　商用データ保護では、ユーザーデータと組織データの両方が保護されます。データの保護は、以下のようにして実現します。

・プロンプトと応答を保存しない

　Copilotに入力したプロンプトのデータは保存されません。また、Copilotが生成した応答も同様に保存されることはありません。

・Microsoft社の監視対象ではない

　ユーザーがCopilotに対して入力したプロンプトやCopilotからの応答は、Microsoft社でさえアクセス権を持たず、監視することはありません。

・AIのトレーニングに利用されない

　生成AIサービスでは、AIが「入力された情報やファイルを学習」し、機能向上に役立てる場合があります。しかし、商用データ保護を備えたCopilotは、ユーザーが使用したプロンプトやファイルを学習しません。そのため機密情報を入力したとしても、そのデータがLLMのトレーニングに利用され、情報漏洩につながるといったリスクはありません。

☐ **商用データ保護が適用されているかを確認する**

　「職場または学校のアカウント」でCopilotにサインインしている場合のみ、商用データ保護が有効になります。そのためサインインしていなかったり、個人用のMicrosoft 365アカウントにサインインしたりしている状態で機密情報を入力しないよう注意する必要があります。商用データ保護が有効になっているかどうかは、Copilot右上に表示される緑の保護マークで判断できます。マークが表示されていれば、商用データ保護が有効な状態です。

図2-5

Copilot（Edge）を実践する

ここでは、Copilot（Edge）の操作方法や機能、業務での活用事例を紹介します。なお、一部の機能は法人向けのライセンスが必要となります。

□ Copilot（Edge）の起動

Copilot（Edge）は、Microsoft Edgeブラウザに搭載されており、サイドバーからアクセスすることができます。Copilotを起動するには、まずMicrosoft Edgeブラウザを起動します。次に画面右上の「Copilot」アイコンをクリックします。するとCopilot（Edge）がサイドバーに展開されます。また、サイドバーに開いたCopilot（Edge）を大画面で操作したい場合は、ブラウザのタブに展開することもできます。

図 2-6

□ Copilot（Edge）へのサインイン

Copilot（Edge）を最大限活用するためには、Microsoftアカウントへのサインインが推奨されます。Microsoftアカウントでサインインしていない場合、ユーザーの1日のチャット回数が制限さ

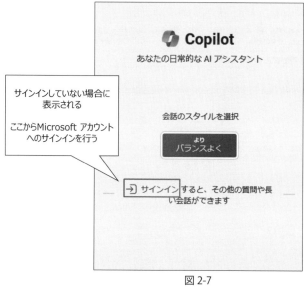

図 2-7

れます。また、職場または学校の Microsoft アカウントにサインインすることで商用データ保護が適用され、機密情報の取り扱いについて安全性が向上します。

　サインインするには、Microsoft Edge のサイドバーに展開された Copilot から「サインイン」をクリックします。次に Microsoft アカウントへのサインイン画面が表示されるので、アカウント情報を入力してサインインします。

☐ Copilot（Edge）で情報収集する

　Web 検索ではなく Copilot（Edge）を使って情報収集する方法を紹介します。Copilot（Edge）は Web 上の膨大なデータから質問に答えるのに必要な情報を抽出し、ポイントをまとめて回答を生成できます。ここでは、「Microsoft Teams」の情報を取得するために Copilot（Edge）を利用する例を示します。また、Copilot の回答の特徴や Web 検索との相違点についても説明します。

1. 質問内容

> Microsoft Teams の使い方について教えてください。
> #グループチャット・チャネル・プライベートチャットの違いを教えてください。
> #チームを新しく作成しました。所有者権限を持つユーザーは限定したほうが良いですか？
> 所有者を限定する場合のメリットデメリットをそれぞれ箇条書きで3つずつ教えてください。
> #Teams と Outlook の使い分けが分かりません。どのような場合に Teams を使うと効果的ですか？

　上記の質問はすべて「Microsoft Teams」に関する内容ですが、各々機能の相違や操作のコツなどトピックが異なるので、ブラウザ検索でひとつの Web ページからすべての回答を見つけるのは困難でしょう。

　そこで、質問に対して Copilot がどのように回答したかを確認しながら、Copilot の回答の特徴を理解していきましょう。

2. Copilot の回答

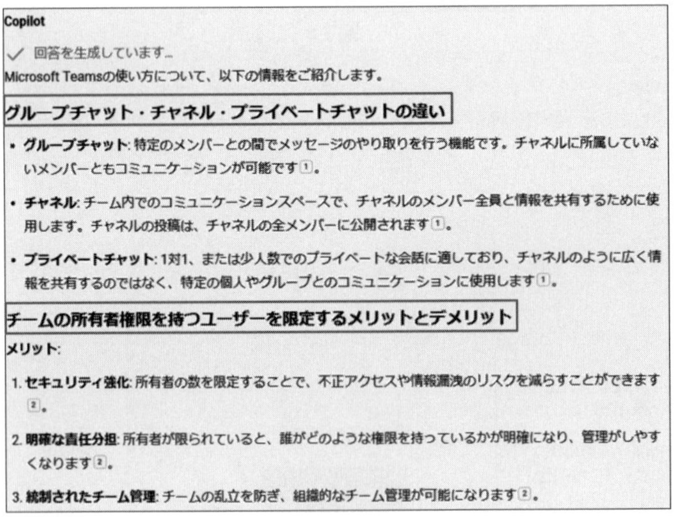

図 2-8

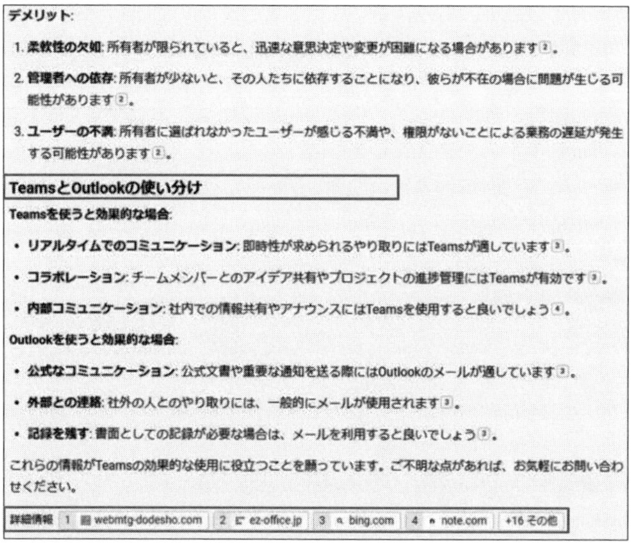

```
デメリット:
1. 柔軟性の欠如: 所有者が限られていると、迅速な意思決定や変更が困難になる場合があります[2]。
2. 管理者への依存: 所有者が少ないと、その人たちに依存することになり、彼らが不在の場合に問題が生じる可能性があります[2]。
3. ユーザーの不満: 所有者に選ばれなかったユーザーが感じる不満や、権限がないことによる業務の遅延が発生する可能性があります[2]。

TeamsとOutlookの使い分け
Teamsを使うと効果的な場合:
・ リアルタイムでのコミュニケーション: 即時性が求められるやり取りにはTeamsが適しています[3]。
・ コラボレーション: チームメンバーとのアイデア共有やプロジェクトの進捗管理にはTeamsが有効です[3]。
・ 内部コミュニケーション: 社内での情報共有やアナウンスにはTeamsを使用すると良いでしょう[4]。
Outlookを使うと効果的な場合:
・ 公式なコミュニケーション: 公式文書や重要な通知を送る際にはOutlookのメールが適しています[3]。
・ 外部との連絡: 社外の人とのやり取りには、一般的にメールが使用されます[3]。
・ 記録を残す: 書面としての記録が必要な場合は、メールを利用すると良いでしょう[2]。
これらの情報がTeamsの効果的な使用に役立つことを願っています。ご不明な点があれば、お気軽にお問い合わせください。

詳細情報  1  webmtg-dodesho.com  2  ez-office.jp  3  bing.com  4  note.com  +16 その他
```

図 2-9

3. Copilot の回答の特徴

(1) 複数の質問への的確な回答

Copilot は、ひとつのチャットに含まれる複数の質問を理解し、それぞれに対して適切な回答を生成することができます。従来の Web では対応が難しい複数の質問に対しても、それぞれの意図を把握して回答を提供します。

(2) 簡潔で分かりやすい情報整理

Copilot の回答は、見出しや箇条書きを活用して要点が整理されており、情報が簡潔で分かりやすい状態になっています。大量の情報の中から必要な部分だけを抽出し、ユーザーが理解しやすい形で回答を提供します。

(3) ユーザーの指示に沿ったアウトプット

Copilot は、ユーザーが事前に指定した条件や形式に沿って情報をアウトプットすることができます。たとえば、「メリットとデメリットをそれぞれ3つずつ箇条書きで教えてください」といった指示にも対応し、ユーザーのニーズに合わせて情報を提供します。

(4) 情報ソースの明示

Copilot は、回答作成時に参照・引用した Web サイトのリンクを表示します。情報の信頼性を確認したい時や、より具体的な情報が必要な場合に、簡単に情報源にアクセスすることが可能です。

4. Copilot への追加質問

Copilot の出力に満足できない場合は、質問を追加したり、条件を詳しく指定したりすることができます。次は、Copilot による回答に基づいて、さらに質問や条件を深める例です。

(1) 追加の質問内容

> 情報漏洩のリスクを鑑みて、チームの所有者権限が特定のユーザーのみに絞ることにしました。チームの所有者権限を持つユーザーを限定する際のデメリットには、所有者が退職してユーザー管理ができなくなる点があると思っています。この考え方は正しいですか？もし正しければ「チームの所有者権限を持つユーザーを限定する際のデメリット」の4つ目のポイントとして追加し、回答を作り直してください。

チームの所有者権限を数名のユーザーにしか与えないことのデメリットとして「所有者が退職すると、管理者としてチームの設定、管理を行えるユーザーがいない状態になってしまう」というリスクがあると考え、Copilot にその妥当性を確認しています。また、この懸念が正しければ、最初の回答を修正し「デメリット」に追加するよう要求しました。それでは、Copilot の回答を確認し、ポイントを整理しましょう。

(2) Copilot の追加回答

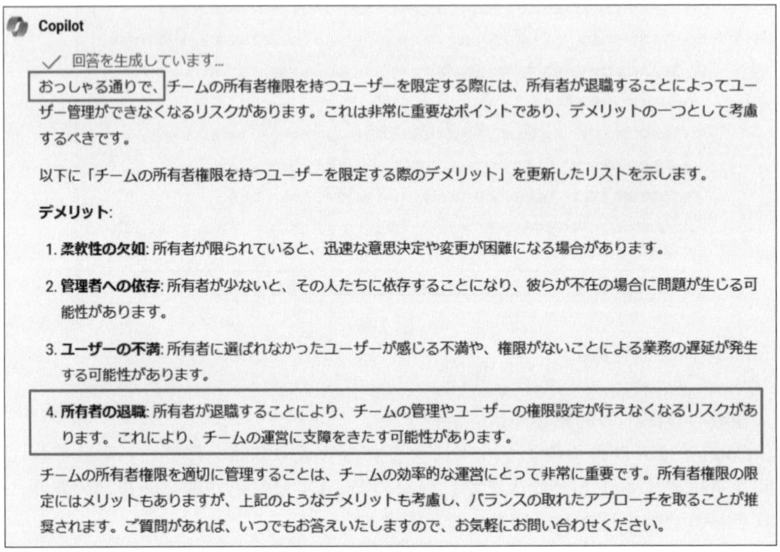

> **Copilot**
> ✓ 回答を生成しています…
> おっしゃる通りで、チームの所有者権限を持つユーザーを限定する際には、所有者が退職することによってユーザー管理ができなくなるリスクがあります。これは非常に重要なポイントであり、デメリットの一つとして考慮するべきです。
>
> 以下に「チームの所有者権限を持つユーザーを限定する際のデメリット」を更新したリストを示します。
>
> **デメリット:**
> 1. **柔軟性の欠如**：所有者が限られていると、迅速な意思決定や変更が困難になる場合があります。
> 2. **管理者への依存**：所有者が少ないと、その人たちに依存することになり、彼らが不在の場合に問題が生じる可能性があります。
> 3. **ユーザーの不満**：所有者に選ばれなかったユーザーが感じる不満や、権限がないことによる業務の遅延が発生する可能性があります。
> 4. **所有者の退職**：所有者が退職することにより、チームの管理やユーザーの権限設定が行えなくなるリスクがあります。これにより、チームの運営に支障をきたす可能性があります。
>
> チームの所有者権限を適切に管理することは、チームの効率的な運営にとって非常に重要です。所有者権限の限定にはメリットもありますが、上記のようなデメリットも考慮し、バランスの取れたアプローチを取ることが推奨されます。ご質問があれば、いつでもお答えいたしますので、お気軽にお問い合わせください。

図 2-10

① 人間的なニュアンスの理解と自然な対話
　　Copilot は、「おっしゃるとおりで…」と、まるで同僚と話すような自然な言葉遣いで回答します。これは、従来の検索エンジンとは異なり、人間との対話に近い自然なコミュニケーションを実現します。

② 複雑な指示への対応
　　Copilot は、「所有者が退職してユーザー管理ができなくなるデメリットがある」という考えが正しいかどうかを判断し、正しい場合は、ユーザーが指定した箇所に加筆修正を行うなど、複雑な指示にも対応することができます。

③ 文脈理解と回答生成
　　Copilot は、チャット内の一連の文章を記憶しています。「デメリットの4つ目のポイントとして追加してください」という質問に対しても、以前作成した自身の回答のどの部分を加筆修正すればいいかを理解し的確な回答を生成します。

Copilot は高度な自然言語処理と Web 検索を組み合わせ、必要な情報だけを抽出します。また、複雑な質問でも的確に意図を理解し、読みやすく整理して提供します。Copilot を活用することで従来の Web 検索にかけていた時間と労力を大幅に削減できます。

□ **Copilot（Edge）の様々な活用法**
　　Copilot にはほかにも様々な活用方法がありますので、その一部を紹介します。

・メール作成の支援
　　Copilot には、メールやアイデア、ブログ記事などの文章生成を支援する専用フォームが用意

されています。文章の概要や体裁、表現などの条件を追加することで、メール文案のドラフトを作成できます※。

※「職場または学校のアカウント」でサインインした Copilot（Edge）の「作成」タブは 2024 年 8 月下旬に廃止される予定です。Microsoft 社は今後も開発リソースを投資して Edge に新しい書き込み機能を導入する予定とのことです。

図 2-11

それでは、今回は以下の設定でメールの下書きを作成してみます。

(1) 質問内容

> 取引先との打ち合わせをセッティングします。メールの文案を考えてください。
>
> #宛先は取引先の営業担当です。
> #候補日は 2024 年 5 月第一週の 13 時から 14 時です。
> #候補日は表にして見やすいように整理してください。
> #昨日の打ち合わせのお礼を冒頭に入れてください。

トーン：プロフェッショナル
形式：メール
長さ：中

(2) Copilot の回答※

> 拝啓
>
> 昨日は貴重なお時間を割いていただき、打ち合わせにご参加いただきありがとうございました。
> 貴社との協議を通じて、さらなるビジネスチャンスを見出せることを嬉しく思います。
> さて、次回の打ち合わせにつきましては、以下の日程でご検討いただけますと幸いです。
>
> 2024年5月第一週の候補日程：
> - 5月1日（水）13:00 - 14:00
> - 5月2日（木）13:00 - 14:00
> - 5月3日（金）13:00 - 14:00
>
> ご都合の良い日時をお知らせいただけますと、調整を進めさせていただきます。
> また、ほかにご希望の日程がございましたら、お気軽にご提案ください。
>
> 今後ともよろしくお願い申し上げます。
>
> 敬具
>
> ［あなたの名前］
> ［あなたの役職］
> ［あなたの会社名］
> ［連絡先情報］

※「職場または学校のアカウント」でサインインしたCopilot（Edge）の「作成」タブは2024年8月下旬に廃止される予定です。

・企画のアイデア出し

　Copilotは業務で新しい施策や企画を考えるときにアイデアの参考になります。ここでは「新人社員向けの研修を企画する」というテーマでCopilotに質問する例を紹介します。

(1) 質問内容

> 新人社員用の研修を作成しています。次の条件に沿って研修内容の項目を提示してください。
>
> #研修テーマは「ビジネスコミュニケーションの基礎」です。
> #ビジネスマナーや電話など、研修に必要な項目を5つ提示してください。
> #当社はシステムインテグレーションサービスを展開していますが、IT業界で特に必要な研修などがあればさらに3つ提示してください。
> #研修項目それぞれについて、「なぜその項目が必要か」がわかるような説明を200字程度で記載してください。
> #研修は1人で実施できるものか、あるいは2人1組で実施できるものにしてください。

(2) Copilotの回答

> 新人社員向けの「ビジネスコミュニケーションの基礎」研修内容を以下に提示します。
>
> **ビジネスマナー研修項目:**
> 1. **敬語の使用:** ビジネスシーンでは、相手に敬意を表すために正しい敬語を使うことが重要です。敬語を適切に使うことで、スムーズなコミュニケーションが可能になります。
> 2. **名刺交換:** 名刺交換はビジネスの第一印象を決める重要な行為です。正しい方法で行うことで、プロフェッショナルな態度を示すことができます。
> 3. **電話応対:** 電話応対は顧客サービスの基本であり、丁寧な対応が信頼関係構築につながります。適切な応対を学ぶことは、業務の効率化にも役立ちます。
> 4. **メール作成:** ビジネスメールは情報伝達の主要手段です。明確で礼儀正しいメールを書く能力は、業務の正確性を高めるために不可欠です。
> 5. **会議の進行と参加:** 効果的な会議運営と積極的な参加は、チームワークを促進し、プロジェクトの成功に寄与します。会議のルールとマナーを理解することが重要です。

図 2-12

> **IT業界特有の研修項目:**
> 1. **プロジェクト管理:** ITプロジェクトは複雑で多岐にわたるため、効率的なプロジェクト管理スキルが必要です。これにより、期限内に品質の高い成果物を提供できます。
> 2. **技術文書作成:** 技術文書は、システムの仕様や操作方法を明確に伝えるために必要です。正確でわかりやすい文書を作成する能力は、クライアントとのコミュニケーションにおいて不可欠です。
> 3. **セキュリティ意識の向上:** IT業界ではセキュリティが最優先事項です。セキュリティリスクを理解し、適切な対策を講じることで、企業の情報資産を守ることができます。
>
> これらの研修は、個人での自習やペアでのロールプレイを通じて実施することができます。例えば、電話応対や会議の進行は、2人一組でロールプレイを行い、実践的なスキルを身につけることができます。一方、メール作成や技術文書作成は、個人での実践が可能です。研修を通じて、新人社員がビジネスコミュニケーションの基本を習得し、IT業界での成功につながるスキルを身につけることができるでしょう。

図 2-13

・画像を生成する

　Microsoft Designer は AI を使ってデザインや画像の作成ができるサービスです。生成したいデザインのイメージを文章で入力すると画像が作られます。Copilot では、Designer の機能を利用して画像生成することが可能です。Designer の機能を使うには Copilot 右上の履歴アイコンをクリックし、「チャット」タブから Designer を選択します。

図 2-14

それでは次に示す条件で画像を作ってみます。

(1) 質問内容

> スケジュール調整アプリをリリースしようと思っています。以下の条件に沿ってアプリのロゴマークをデザインしてください。
>
> #赤色を基調としたデザインにしてください。
> #画像には手帳と時計を含めてください
> #モダンなデザインにしてください。

(2) Copilot の回答

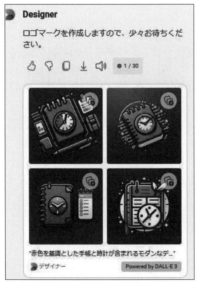

図 2-15

・Copilot プラグインを使う

　Copilot は、AI チャットの機能を向上させるためのプラグインを提供しています。プラグインを有効にすると、Copilot をサードパーティ製のサービスと連携し、機能を拡張することができます。利用可能なプラグインの一覧を表示するには Copilot 右上の「プラグイン」アイコンを選択します。プラグインを追加するには、任意のトグルをオンにします。一度に追加できるプラグインは 3 つまでです。

図 2-16

・画像を追加して質問する

　AI に指示を出すとき、画像やファイルを添付して処理させることができます。画像認識技術により風景や絵画などの内容を解説したり、OCR（光学式文字認識）を使用して画像内の文字をテキスト化したりすることができます。たとえば領収書の写真から請求先や目的などの情報をテキストに変換するといったこともできます。ファイルは Copilot の入力フォームから「画像を追加します」を選択することで追加できます。また、スクリーンショットをその場で撮って追加することもできます。

・ファイルを検索する（Copilot for Microsoft 365 で利用可能）

　Copilot は、Microsoft Graph を利用して Microsoft 365 のテナント内にあるデータにアクセスできる機能を提供します。この機能を活用するには Copilot の法人向けプラン（Copilot for Microsoft 365）に加入し、Microsoft Edge に職場または学校のアカウントでサインインしていることが必要です。

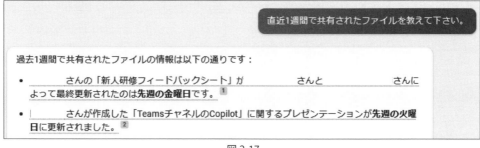

図 2-17

2-4　Teams用Copilotアプリ

2-4　Teams用Copilotアプリ

- Copilotアプリとは
- Copilotアプリの使い方
- そのほかCopilotアプリの機能紹介

スライド2-4：Teams用Copilotアプリ

Copilotアプリとは

　Copilot for Microsoft 365 のライセンスを持っていると、Teams 上で Copilot（Edge）がアプリとして使用できます。本稿ではこれを「Copilot アプリ」と呼称します。基本的には Copilot（Edge）と同様、Web からの情報収集や文章の生成、要約、修正、企画のアイデア出しなどを行うことができます。さらに、Copilot アプリを使うユーザーには Copilot for Microsoft 365 のライセンスも付与されているため、Microsoft Graph を通して組織のファイルやメール、スケジュール、チャットの情報にアクセスして回答を生成することができます。

図2-18

Copilot アプリの使い方

□ Copilot アプリへのアクセス方法

Teams のチャットメニューの上部に Copilot が表示されています。これは Microsoft Edge の Copilot を Teams 上のアプリとして利用できる機能です。ファイルの検索やスケジュールのチェック、今日のタスクなどに加え Web サイトからの情報収集まで日常的なあらゆる業務が Teams 上で完結します。

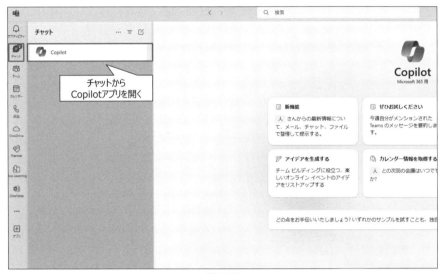

図 2-19

以下に、Copilot アプリに対して実行できるプロンプトの一例を紹介します。

□ Copilot アプリのプロンプト例

- 休暇明けのチェックに使えるプロンプト
「直近 1 週間の未読のメールを教えてください」
「プロジェクト X の進捗に関する直近 1 週間のチャット、メールを教えてください」
「私にメンションされたチャットを教えてください」

- ファイルを開くことなく情報抽出するプロンプト
「（WBS ファイルを指定して）今日時点で遅延しているタスクを教えてください」
「当社の就業規則によると、年次有給休暇は何日ですか？」
「（企画書を指定して）このファイルの要点を教えてください」
- 自分のタスクを確認するプロンプト
「今日のタスクを教えてください」
「今週予定されている会議を教えてください」
「直近 3 日のチャット、メールから優先度の高いタスクを教えてください」

そのほか Copilot アプリの機能紹介

以下に Copilot アプリの機能の一部を紹介します。

□ 事前に用意されたプロンプト

画面上部に Copilot アプリで使用できるプロンプトが用意されています。画面上のプロンプトをクリックすると、下部のメッセージボックスに自動入力されるため、基本的なプロンプトは文字を打つことなく実行できます。

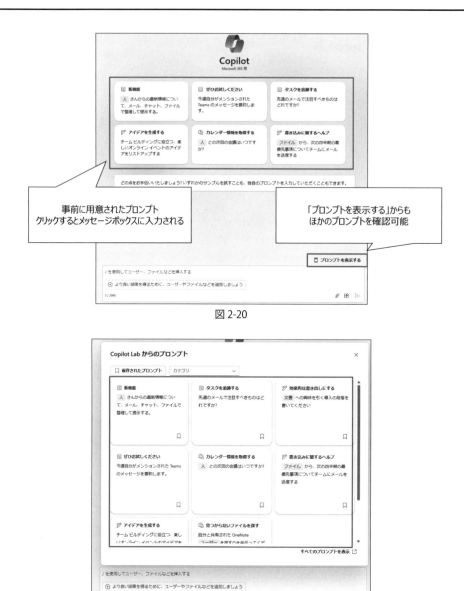

図 2-20

図 2-21

□ **履歴の確認**

　画面右上の「・・・」をクリックして「Copilot チャット」を選ぶと、Copilot との過去のやり取りが参照できます。プロンプトを実行した日付も表示されるので、履歴を追跡しやすいです。

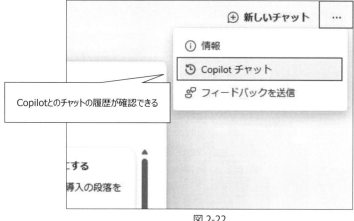

図 2-22

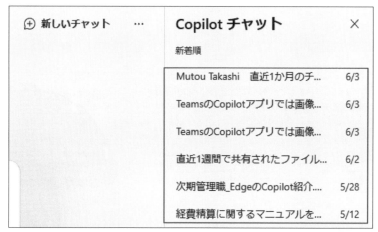

図 2-23

□ **Copilot Lab**

　Copilot アプリは Web や Microsoft Graph と連携して多様なタスクを処理できるアプリです。そのためプロンプトの種類も豊富で、どのようなプロンプトが業務に役立つのか分からない場合があります。AI に何を指示するべきか分からなくなったら、「Copilot Lab」を利用しましょう。Copilot Lab は、実践的なプロンプトの例を紹介したサイトで、Copilot アプリからも簡単にアクセスできます。

　メッセージボックス上部の「プロンプトを表示する」をクリックすると、よく使われるプロンプトのリストが表示されます。「すべてのプロンプトを表示」をクリックすると、Copilot Lab に遷移し、さらに多くのプロンプトを参照できます。

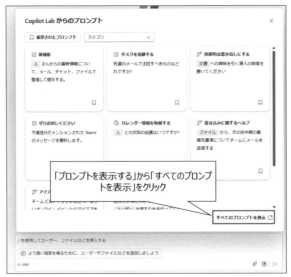

図 2-24

図 2-25

　プロンプトは「作成」「質問」などのカテゴリごとに検索することができ、よく使うプロンプトはブックマークとして保存しておくこともできます。プロンプトが思いつかないときは、Copilot Lab から役に立つものを探してみると良いでしょう。

☐ プラグイン

　メッセージボックス内のプラグインボタンから、Copilot アプリとほかの Teams 用アプリケーションを連携させることができます。任意のプラグインを追加することで、Copilot がユーザーに代わってアプリを参照できるようになります。

図 2-26

　たとえば、Viva Goals[※1] アプリのプラグインを有効にすると、Copilot アプリが Viva Goals のデータを参照できるようになり、組織の戦略や計画に対する適切な目標や OKR[※2] を提案します。
　また、「Web content」のプラグインは、Copilot が回答を生成する際に Web 上の情報を参照するかどうかを制御するプラグインです。Web 検索による情報ではなく組織内のチャットやメール、ファイルなどからのみ情報収集を行いたい場合は、「Web content」のプラグインをオフにしましょう。

※1 組織の明確なゴールを設定、管理できるフレームワークです。最優先事項を定め、進行状況の追跡し、目標に対する成果をグラフで確認することができます。Viva Goals アプリは Teams 上で利用できます。
※2 目標設定、管理方法のひとつです。個人と企業の目標をリンクさせ、企業の目標に対して従業員が意識的に成果を出すよう、高頻度の進行管理と評価を行います。企業全体の意欲向上のため、達成が難しい高い目標を設定する特徴があります。

2-5 プロンプトエンジニアリング

2-5 プロンプトエンジニアリング

- ■プロンプトエンジニアリングとは
- ■なぜプロンプトエンジニアリングが必要なのか
- ■プロンプトエンジニアリングのポイント

スライド 2-5：プロンプトエンジニアリング

プロンプトエンジニアリングとは

☐ プロンプトの重要性

「プロンプト」は、AI に対する指示や命令文のことを意味します。たとえば Copilot に質問文を入力することは、「Copilot のプロンプトを作成する」ともいえます。AI が生成する回答の内容や品質は、プロンプトの書き方に大きく左右されます。AI の能力を最大限に引き出すためには、適切なプロンプトを作成する技術が重要です。

☐ プロンプトエンジニアリングとは

AI に期待した結果を出させるには、効果的なプロンプトを作るスキルが必要です。「プロンプトエンジニアリング」とは、最適なプロンプトを作る技術のことです。プロンプトエンジニアリングは AI の回答の質を高めるために重要であり、AI を利用するすべてのユーザーに求められるスキルといえます。

☐ プロンプトエンジニアリングに必要なスキル

プロンプトエンジニアリングには複雑なコーディングスキルは不要ですが、以下のようなスキルが必要です。

・情報分析能力：仕事をする上で課せられたタスクや問題を深く洞察し、問題解決のために必要な情報は何か、AI にどのような質問をすべきかを判断するには、情報分析が必要です。

・論理的思考：AI の応答は常に期待どおりになるとは限りません。AI が目的としない結果を出力したとき、その原因や影響について理解するとともに、求める結果を得るためにプロンプトをどのように調整すればよいかを判断する論理的な思考が求められます。

なぜプロンプトエンジニアリングが必要なのか

単純な質問に答えるのであれば、複雑な指示は不要だと思われるかもしれません。たとえば「2023 年

のバロンドール賞を受賞したサッカー選手は誰ですか？」という質問に対して、複雑なプロンプトのスキルは不要のように思われます。

確かに一意的な回答が存在する質問に対しては、簡潔なプロンプトで十分な場合もあります。このように、AIに対して質問の背景や複雑な条件を一切インプットさせないプロンプトを「Zero-Shot Prompting」と呼びます。答えが一意的で、簡潔かつ主観の関係しない質問の場合はZero-Shot Promptingが使われます。

主観的な質問にAIが答えるには

たとえば企画のアイデア出しやメール文案の作成などです。このような質問は正解が一意的ではなく、質問者の主観に大きく左右されます。正解が一意的でない場合、AIは与えられた情報の中から正解にできるだけ近い回答を出力しようとします。十分な情報を与えなければ、AIは何が正解なのかを明確に判断することができません。もしAIのデータベースの中に求めている情報があったとしても、それを引き出すためにはユーザー側が的確な指示を与える必要があるのです。

AIを効果的に活用するためには、より高度なプロンプトを作成して適切な指示を出すスキルが重要です。

プロンプトエンジニアリングのポイント

ここではプロンプトエンジニアリングの基本的な考え方を紹介します。使用するAIモデルやLLMに応じて効果的なプロンプトは異なりますが、今後のChapterで紹介する「Copilot for Microsoft 365」やCopilot以外の生成AIサービス全体に活用できるスキルに焦点を当てます。

結果を明確に設定する

はじめに、以下の例文をご覧ください。

・例文1

> 「プロジェクト計画書の要約をしてください。」

この文章は、プロジェクトの計画書をAIに入力して要約させることを目的としたものです。プロジェクトの計画書をAIに送り、「要約してください」とだけ伝えても回答は得られますが、より正確な回答を出力するためには、このインプットでは不十分です。

このようなプロンプトでは、AIの自由度が高くなります。AIは提供された情報から、学習データや目標に基づいて最も確からしいと思われる内容で応答します。しかしAIに与える情報量が少なければ目標を絞り込めず、ユーザーの望む結果とかい離してしまう場合があります。

例文では「要点」がどのようなものか具体的に指定されていないので、プロジェクト計画の内容に基づいてAIが独自に要点を選択します。また、出力する形式や情報のレベル、文体なども指示されていないのでAIの判断に委ねられます。

プロンプトエンジニアリングでは、まず「AIに求める結果」を明確に設定し、その目標に沿ってAIを誘導することが重要です。ユーザーがパイロットならば、副操縦士であるAIに適切な指示を出すことはユーザーの役割なのです。

・改善ポイント

以下のポイントに沿ってプロンプトを修正することで、より理想的な回答を得ることが期待できます。

1. ピックアップしてほしい「要点」を明確に記載する
2. タスクを実行してほしい理由や背景を記載する
3. 「どのくらいの長さでいくつの要点が欲しいか」など条件を明示する
4. 長文や箇条書き、文体のトーンなど出力形式を指定する

以下の例文は、上記のポイントを踏まえた修正後の文章です。

> プロジェクト計画書を読んだ上で、その要点を教えてください。出力する際は、以下のルールに沿ってください。
> #箇条書きで5つの要点をピックアップしてください。
> #それぞれの要点は200字以内で要約してください。
> #この要約は取締役会に提出します。迅速にプロジェクトの概要を把握する必要があります。
> #新たに立ち上げるマーケティングキャンペーンの目的、対象市場、予算配分、期待される成果にフォーカスして要点をまとめてください。
> #簡潔かつビジネス用語を用いて記述してください。

・アウトライン (#) について
　修正後のプロンプトでは、Copilotに求めるアウトプットを具体的に提示しました。「以下のルールに沿ってください」と記載した上でアウトプットの条件を「#」で区切って箇条書きにしています。この箇条書きのことをプロンプトの「アウトライン」といいます。アウトラインを使用することでCopilotがプロジェクト計画書の要点を出力するうえでのルールを判断しやすいように誘導しています。プロンプトの冒頭でCopilotに実行してほしいタスクを簡潔に記載し、詳細なルールはアウトラインで提示していくこの手法は、プロンプトを書く上での基本的なテクニックの一つです。ここからは、プロンプトエンジニアリングで使用されるテクニックについてご紹介します。

□ プロンプトエンジニアリングのテクニック

　この文章は、プロジェクトチームの新メンバーに市場調査レポートの作成手順を説明するプロンプトの例文です。前回示したポイントのほかにも、いくつかプロンプトエンジニアリングのテクニックを活用しています。

・例文2

> あなたはビジネスコンサルティング会社のプロジェクトマネージャーです。新規クライアントの市場調査レポートを作成する必要があります。新しいメンバーがチームに加わったばかりで、彼に市場調査の要点を理解させ、レポートの作成方法を教えたいと考えています。
> 効率的に市場調査レポート作成できるよう、600字以内で手順をまとめてください。
>
> 例：はじめに、クライアントのニーズや期待を理解し、市場調査の目的を明確にします。「新製品の市場性を評価する」「競合分析を行う」「ターゲット市場の特性を理解する」といった意図があります。

　このプロンプトでは以下のようなテクニックを使用しています。

・Role-Play Prompting
　AIに特定の役割を割り当てる手法です。例文2では、ビジネスコンサルタントのプロジェクトマネージャーという役割をAIに設定しています。このように役割を与えることで、AIが一貫性のある推論を行いやすくなります。役割を設定した後にタスクを指示すると、意図が伝わりやすくなる場合があります。

・Few-Shot Prompting
　プロンプト内で回答例を示す手法です。例文2では、市場調査レポートの作成手順の回答例を示しています。このように回答例を提供することで、AIが同様の形式や文体で情報を出力するよう促し、回答の品質を向上させます。

本章ではプロンプトエンジニアリングのテクニックを説明しました。プロンプトエンジニアリングは、生成 AI を有効に利用するために必要なスキルです。適切なプロンプトを作ることで、AI の能力を最大限に発揮し、目的の結果を得ることができます。

　本章で述べたテクニックはプロンプトエンジニアリングの一例にすぎません。実際に AI を使う中で最適な方法を探ることもできます。プロンプトエンジニアリングのポイントを意識して、生成 AI を最大限に活用しましょう。

Memo

Chapter 3

Copilotを利用できる
各Microsoft製品

Chapter 3　章の概要

章の概要

この章では、以下の項目を学習します

3-1　Copilot生成物の権利と保証
3-2　Copilotのライセンス形態
3-3　Copilotを利用できる主なMicrosoft製品

スライド3：章の概要

Memo

3-1　Copilot 生成物の権利と保証

3-1　Copilot生成物の権利と保証

■ Copilot生成物の権利と保証

スライド 3-1：Copilot 生成物の権利と保証

Copilot 生成物の権利と保証

　Copilot 生成物の権利と保証について Microsoft は「Copilot Copyright Commitment」を取り組みとして発表しています。（2023 年 9 月発表）
　ここで、Copilot の使用と Copilot が生成する出力に関する著作権侵害のクレームに対して、マイクロソフトが責任を負うことを宣言しています。
　具体的には、第三者が Copilot または Copilot が生成する出力結果を使用した法人のお客様を著作権侵害で訴えた場合、ユーザーが製品に組み込まれたガードレールとコンテンツフィルターを使用しているという条件の下で、マイクロソフトはユーザーを弁護し、訴訟の結果生じた不利な判決または和解により課された金額を支払います。
　また、この新たな取り組みは、既存の AI Customer Commitment に基づき、マイクロソフトの知的財産権に関する補償サポートを法人向け Copilot サービスにも拡大するものです。そして、この新しい施策は、Copilot サービスの出力について知的財産権を主張しないというマイクロソフトの立場を変えるものではありません。

3-2　Copilot のライセンス形態

3-2　Copilotのライセンス形態

■ Copilotのライセンス形態

スライド 3-2：Copilot のライセンス形態

Copilot のライセンス形態

☐ **Microsoft Copilot**

無償で利用できる Copilot です。

利用に Microsoft アカウントや組織のアカウントは不要であり、Windows、macOS、iOS、Android のユーザーが Copilot によるチャットへの質問や画像生成などのコンテンツ作成を体験できます。

また、Microsoft のアカウントや組織のアカウントがあると、Copilot で入力・出力した履歴を残すことができます。

ただし、機能が一部制限されており、Copilot の機能を拡張させたものが、次に紹介する有償版の Microsoft Copilot Pro です。

☐ **Microsoft Copilot Pro**

Copilot の有償版（月額 3,200 円・2024 年 5 月時点）で、無償版で制限されていた高速パフォーマンスや画像生成機能のブースト回数増加、一部の Microsoft 365 アプリでの利用が可能です。

Copilot Pro は個人ユーザーや小規模チーム向けに特化しており、Microsoft 365 で提供されるアプリケーションでの利用は別途 Microsoft 365 Personal といった専用ライセンスが必要であることに注意が必要です。

☐ **Microsoft Copilot for Microsoft 365**

個人用の Copilot Pro と比較して法人用に業務利用の面で特化した有償ライセンス（月 4,497 円/1 アカウント・2024 年 5 月時点）です。

年間契約のサブスクリプションであり大規模言語モデル（LLM）を組織データに接続することで、Word、Excel、PowerPoint、Outlook、Teams などのアプリと連携して、文章作成、データ分析、スライド作成、メールの要約などを効率化できます。Microsoft Graph 経由でアクセスされるプロンプト、応答、データは、Microsoft Copilot for Microsoft 365 で使用されるものを含め、基礎 LLM のトレーニングには使用されません。

また、Microsoft Copilot for Microsoft 365 は、一般データ保護規則（GDPR）や欧州連合（EU）のデータ境界など、Microsoft 365 の法人顧客に対する既存のプライバシー、セキュリティ、コン

プライアンスの義務に準拠しています。

　そして、Microsoft Copilot Studio を使用して Copilot のカスタマイズが可能であり、個人向けの Copilot Pro より更に組織化された AI アシスタント機能を体験することができます。

　本ライセンスの利用には、Microsoft が定める Microsoft 365 ライセンスが別途必要です。

無償版		有償版
個人向け （Microsoft アカウント）		法人向け （Microsoft 365 アカウント）
Microsoft Copilot	Microsoft Copilot Pro	Microsoft Copilot for Microsoft 365

3-3　Copilotを利用できる主なMicrosoft製品

3-3　Copilotを利用できる主なMicrosoft製品

- Microsoft 365
- Copilot in Windows
- Microsoft Copilot for Azure
- Copilotと連携するその他外部サービス

スライド3-3：Copilotを利用できる主なMicrosoft製品

Microsoft 365

Microsoft 365として提供されているアプリケーションでは既にCopilotの機能が追加されています。
この項ではCopilotがどのようにユーザーをサポートするかをアプリケーションごとに概要を紹介していますが、後のChapterで詳細を説明します。

☐ **Microsoft Word**

Wordは、文章やレポート、契約書などの文書作成に最適なアプリケーションです。
Wordでは、文書のレイアウトやデザインを自由にカスタマイズでき、文書の品質を向上させることができます。
Copilotは、Wordで文書を作成する際に、文章の書き方や表現の工夫などのヒントを提供します。

☐ **Microsoft Excel**

Excelは、数値やデータを管理・計算・分析するためのアプリケーションです。
表やグラフ、チャートなどの機能を使って、データを視覚的に表現し、関数やマクロ、ピボットテーブルなどの機能を使って、データの計算や加工をすることができます。
Copilotは、Excelでデータを扱う際に、関数の使い方やグラフの選択などのヒントを提供します。

☐ **Microsoft PowerPoint**

PowerPointは、プレゼンテーションやスライドショーを作成するためのアプリケーションです。
テンプレートやアニメーション、トランジションなどの機能を使って、スライドの見た目や動きを工夫したり、音声やビデオ、画像などのメディアを挿入してプレゼンテーションを作成したりできます。
Copilotは、PowerPointでプレゼンテーションを作成する際に、スライドの構成や内容、デザインなどのヒントを提供します。

☐ **Microsoft Outlook**

Outlookは、メールやカレンダー、連絡先、タスクなどの情報を管理するためのアプリケーションです。

メールの送受信や整理、返信、転送などの操作をしたり、カレンダーで予定やスケジュールを管理し、他の人と共有や調整をしたりすることができます。

Copilot は、Outlook で情報を管理する際に、メールの書き方やカレンダーの使い方などのヒントを提供します。

□ **Microsoft Teams**

Microsoft Teams は、チームや組織のコミュニケーションや協働を支援するアプリケーションです。チャットやビデオ会議、電話などの機能を使って、他の人やチームとリアルタイムでファイルやアプリケーションを共有、編集することができます。

また、チームやチャネルを作成し、メンバーやゲストを招待することができます。

Copilot は、Teams でコミュニケーションや協働をする際に、チャットの書き方やビデオ会議の進め方などのヒントを提供します。

Copilot in Windows

Copilot in Windows は Windows 上で Microsoft Copilot の一部機能を利用できるサービスです。

2024 年 5 月現在ではプレビュー版が提供されており、Windows 11 のすべてのユーザーが利用できます。質問への受け答えや文章の要約、画像の読み取りと生成、Bing の検索エンジンによる、Web 上の情報を検索して最新情報を反映した回答を出力、といった機能を提供します。

Microsoft Copilot for Azure

Microsoft Copilot for Azure は、Azure クラウドサービスを利用する開発者のための AI アシスタントです。2024 年 5 月時点では、プレビュー版として提供されています。

Azure サービスと連携するコードの自動生成、デバッグ（Azure Monitor や Azure Application Insights と連携）、テスト（Azure DevOps や GitHub Actions と連携）、デプロイなどの作業を支援し、開発の効率と品質を向上させます。

Copilot と連携するその他外部サービス

Chapter2 では、Copilot for Microsoft 365 が Microsoft Graph を通じて組織の Microsoft 365 データにアクセス可能であることを紹介しました。これにより Copilot はメール、予定表、会議、SharePoint Online 上のファイルなどのデータを参照して回答を生成できます。

しかし、現代の企業活動においては、Microsoft 365 以外にも Salesforce や Slack、Box など数多くの外部サービスが活用されています。ここでは、Microsoft 365 の枠を越えて、様々なサードパーティ製品と Copilot を連携する方法について紹介します。

□ **Microsoft Graph コネクタ**

Microsoft Graph コネクタを導入することで、Copilot がアクセスできるデータの範囲が大幅に広がります。

通常、Microsoft Graph で参照できるデータは組織内の Microsoft 365 に限定されていますが、Microsoft Graph コネクタを使用することでオンプレミス環境や外部のクラウドサービスからの情報を取り込むことが可能になります。

この Microsoft Graph コネクタと Copilot for Microsoft 365 を組み合わせることで、Copilot の能力をさらに強化することができます。ユーザーは自然言語で Copilot に指示を出すだけで、外部サービスのデータを素早く検索、集計、学習することができます。

たとえば、プロジェクト管理のために外部サービスのソフトウェアを使用している場合、Microsoft Graph コネクタを使用すれば、ソフトウェアのデータを Copilot に処理させることができます。ユーザーはプロジェクトの進捗やアサイン状況、対応などオープンチケットの情報について Copilot に

質問するだけでシームレスに回答を得ることができます。

　Microsoft Graph コネクタを追加するには組織の「検索管理者[※1]」権限を持つアカウントが必要です。Microsoft 365 管理センターから各テナントに対して最大 30 個の Microsoft Graph コネクタを追加できます。

　Microsoft Graph コネクタには Microsoft が事前に構築した 100 以上のコネクタが用意されています。以下はその一部です。

- Azure サービス
- Box
- Confluence
- Google サービス
- MediaWiki
- Salesforce
- ServiceNow

　Microsoft によって事前構築された各コネクタの一覧は、Microsoft Graph コネクタギャラリー[※2]」から確認できます。

　さらに、構築済みコネクタの中に連携させたい外部サービスがない場合でも、Microsoft Graph コネクタ API[※3] を使用して独自のカスタムコネクタを作成することもできます。Copilot と Microsoft Graph で業務に最適なソリューションを構築しましょう。

※1 検索管理者は Microsoft 365 管理センターで検索結果のコンテンツを作成したり管理したりするための管理者ロールです。
※2 Microsoft Graph コネクタギャラリーは、事前構築された Microsoft Graph コネクタの一覧を確認することができる Microsoft の公式サイトです。コネクタの発行元やカテゴリーごとに検索をかけ、ニーズに合ったコネクタを見つけることができます。
　　参考：Microsoft Search - Intelligent search for the modern workplace
　　https://www.microsoft.com/microsoft-search/connectors/
※3 Microsoft Graph コネクタ API は、独自のカスタムコネクタを作成する際に使用する API です。外部サービスからのデータを Microsoft Graph に取り込むことができます。

☐ Copilot プラグイン

　Copilot プラグインは、Copilot に標準で含まれていない外部サービスの情報を Copilot と連携させることができる機能です。プラグインを利用することで、Copilot と外部サービスのデータが直接連携されるため、ユーザーは自然言語で Copilot に質問するだけで、外部サービスからリアルタイムの情報を取得することができます。

　Copilot プラグインの使用方法の一例は、Chapter2-4「Teams 用 Copilot アプリ」にて解説しています。このほか、「Microsoft Copilot Studio」で作成できる会話型プラグインがあります。Copilot Studio はオリジナルの Copilot（AI チャットボット）を構築することができるツールです。この Copilot Studio の機能で外部サービスの情報を Copilot に連携するための会話型プラグインを作成し、自作 Copilot の機能を拡張、カスタマイズすることができます。

☐ Microsoft Graph コネクタと Copilot プラグインの違い

　ここまで Copilot の機能を拡張する方法として、Microsoft Graph コネクタと Copilot プラグインを紹介しました。共通点としては、どちらも Copilot が外部コンテンツのデータを利用できるようにする機能です。両者には、Copilot の外部コンテンツデータの使い方に差異があります。

　Microsoft Graph コネクタは、外部コンテンツからのデータを一度 Microsoft Graph のデータベースに取り込んで処理するのに対し、Copilot プラグインは Copilot と外部サービスが API を通じて直接連携しているため、リアルタイムの情報にアクセスできます。

Microsoft Graph コネクタのメリットとしては、取り込んだデータが Microsoft Graph の中で、セマンティックインデックス[※]を形成することにあります。セマンティックインデックスは、自然言語処理や機械学習の技術を利用し、検索システムの精度を向上させる仕組みです。この仕組みにより、Copilot は Microsoft Graph コネクタで取り込んだデータを使ってより精度の高い回答を作成できます。

※セマンティックインデックスは、主に検索エンジンのアルゴリズムで用いられる機能です。自然言語処理や機械学習の技術により、検索ワードのみではなく、文章全体から意味や文脈を判断し、より精度の高い検索結果を出力することができます。

　Microsoft 365 の検索においては「Semantic Index for Copilot」という機能があります。この機能により Microsoft Graph におけるデータの検索精度を高めることができます。セマンティックインデックスの裏側の仕様として、数十億ものベクトル（特徴や属性など）をインデックスとして登録しています。このインデックスを利用して、ユーザー個人の興味関心（パーソナル化）や、ユーザーの社会的なネットワーク（ソーシャルマッチング）に近い検索結果を出力します。これによってユーザーのニーズにマッチした、精度の高い検索が実現します。

　このように、Microsoft Graph コネクタを利用する際、外部サービスのデータを Microsoft Graph 内に取り込み、インデックスとして登録する処理が行われます。このインデックスを作成するための領域（インデックスクォータ）はアドオン販売となります。Microsoft 365 管理センターから購入する必要があります。

Memo

Chapter 4
Copilot in Teams

Chapter 4　章の概要

章の概要

この章では、以下の項目を学習します

4-1　Copilot in Teamsとは
4-2　Teams会議のCopilot
4-3　チャットのCopilot
4-4　チームのCopilot
4-5　メッセージボックスのCopilot
4-6　Copilot in Teams　関連演習

スライド4：章の概要

Memo

4-1　Copilot in Teams とは

```
4-1  Copilot in Teamsとは

■ Copilot in Teamsとは
■ Copilot in Teamsの利用要件
```

スライド 4-1：Copilot in Teams とは

Copilot in Teams とは

この Chapter では、Copilot in Teams の機能や使用例について紹介します。

会議の爆発的な増加

新型コロナウイルスの感染拡大に伴い、非接触・非対面の取り組みやテレワークの導入が加速しました。これにより、企業ではオンライン会議の利用が急増しました。帝国データバンクの 2021 年 9 月の調査では、新型コロナの影響で始めた働き方として「オンライン会議の導入」が 49.4% に達しています。

職場にとらわれないフレキシブルな働き方が広がった裏には、深刻な問題も潜んでいます。テレワーク、ハイブリッドワークを導入する企業が増えるに連れ、メールや会議の量も爆発的に増加しました。絶え間なく行われるコミュニケーションにより、多くの従業員は集中できる時間が取れない「デジタル負債」を抱えています。

2023 年度の「Work Trend Index」で、Microsoft 社が 31 か国 31,000 人を対象に実施した調査によると、2020 年 2 月以降、Microsoft Teams※ を使った会議と通話の時間はなんと 1 週間あたり 3 倍も増加しています。

非効率かつ過剰に多い会議が生産性を妨げています。さらに、オンライン会議の大幅な増加により、次のような問題が浮かび上がっています。

・会議に遅れて参加した場合に、遅れを取り戻すのが難しい（57%）
・会議終了時の次のステップが明確でない（55%）
・会議の内容を要約するのが難しい（56%）

このように会議疲れが蔓延している中、従業員の 70% が、可能な限りタスクを AI に移譲し、仕事量を減らしたいと感じています。

労働環境の改革が求められる今、従業員が重要な仕事に集中できるよう、単調なタスクは AI に任せましょう。これは生産性を向上させるために、現代においては不可欠な要素です。

Copilot in Teams は、AI の力を借りて多くの会議を効果的に進め、人間の処理能力を越えるほどに増える仕事の負担を減らしてくれます。

☐ Copilot in Teams とは

　本 Chapter では Copilot in Teams の機能について解説します。Microsoft Teams は Microsoft 製品を導入している多くの企業で重要なコミュニケーションツールとなっています。同僚とのチャットやプロジェクト、部署やチームのコミュニケーションを始め、オンライン会議やファイル共有など多岐にわたる用途に Microsoft Teams が使われており、AI の恩恵を受けやすいアプリケーションのひとつだといえます。

　Copilot in Teams は、あらゆるチャットや会議、通話を AI の力を使って整理し、業務を効率化します。Teams 会議で Copilot を使えば、会議の生産性が向上し、より効果的な会議を開催できるだけではなく、見逃した会議の内容も確認できます。

　※Microsoft Teams は、Microsoft 社が提供するコラボレーションプラットフォームです。ビジネスの環境において、チームメンバー間のコミュニケーションと協力を促進するための多様な機能を備えています。チャット、ビデオ会議、ファイル共有、Office アプリとの連携など、効率的な共同作業を支援するツールが集約されています。主要な機能は以下のとおりです。

- インスタントメッセージング：個別またはグループでチャットができ、会話はスレッドに分けられ、@メンション機能が使えます。
- 音声通話とビデオ通話：画面共有や、背景のカスタマイズ、ビデオレコーディングなどが可能です。
- ビデオ会議：オンライン会議に最大 300 人が参加でき、Teams アカウントを持たなくても参加できます。
- ファイル共有：ファイルをドラッグ＆ドロップするだけで手軽に共有ができ、共有されたファイルは複数人での同時編集が可能です。

▌Copilot in Teams の利用要件

　Copilot for Microsoft 365 を利用するには、法人向け Microsoft 365 プランの利用が必要です。詳細は「Chapter2　Copilot とは何か？」で確認ができます。

　ただし、2024 年 4 月以降、大企業向け Microsoft 365 プランを新規契約する場合、Microsoft Teams のライセンスはプランに含まれなくなりました。このため、Copilot の機能を Teams に統合して利用するには、Microsoft 365 プランに加えて、Microsoft Teams の単独ライセンスも契約する必要があるので注意が必要です。

4-2　Teams 会議の Copilot

> ### 4-2　Teams会議のCopilot
>
> ■ Teams会議のCopilotとは
> ■ Teams会議のCopilotの仕様・制約
> ■ Teams会議のCopilotの使い方

スライド 4-2：Teams 会議の Copilot

▌Teams 会議の Copilot とは

Copilot in Teams は、AI の力で Teams 会議の準備やフォローアップなど様々なタスクを効率化することができます。Teams 会議の Copilot の使用例の一部を紹介します。

☐　Teams 会議の Copilot の使用例
　・議論の要約
　　　議論の内容をすばやく要約します。会議中や終わった後に使用できるため、ユーザーが議事録を取る必要はありません。もし会議に遅れた時も、議論の流れをすぐに把握できます。

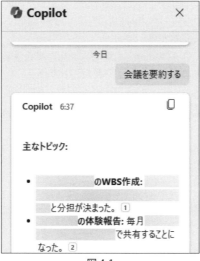

図 4-1

- タスクの整理
　Copilot は話し合った内容に基づいてアクションアイテムリストを作成します。「いつまでに」「誰が」「何を行うべきか」という内容のリストが提示されるため、次のタスクの確認や割り当ての時間を短縮できます。また、未解決の議題を次回の会議のトピックとして提案します。

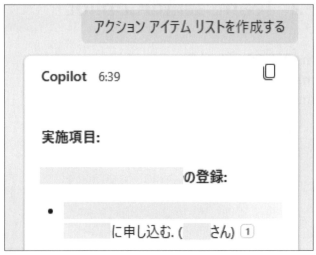

図 4-2

- 会議の雰囲気をつかむ
　会議で何が話されたかだけではなく、その雰囲気も知ることができます。Copilot に「会議の雰囲気を教えて」と問うと、参加者の協調性や話し合いで感じられた不安・不満など、会議の雰囲気を詳しく知ることができます。

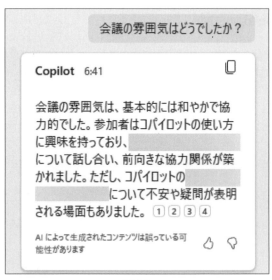

図 4-3

☐　Teams 会議の Copilot の仕組み
　Copilot は、Teams 会議の要約やタスク整理をするとき、会議中に自動的に生成されるトランスクリプト（文字起こし）ファイルをもとにしています。トランスクリプトは、会議の発言を文章化する機能で、リアルタイムで確認したり、会議後にファイルとして閲覧したりもできます。Copilot を活用するためには、Teams 会議中にトランスクリプト機能の有効化が必要です。
　また、この仕様から Teams 会議の Copilot で精度の高い回答を得るためには、トランスクリプ

トに発言が正しく記録されることがポイントです。声量が小さい場合やまわりの雑音が大きい場合などは、トランスクリプトに誤字や不正確な情報が入ってしまいます。その結果、Copilotも間違った情報を出力してしまうことがあります。

リモートと会議室のハイブリッド会議では特に注意が必要です。会議室の参加者が一台のPC端末で会議に参加していると、マイクが全員の声を拾えなくてトランスクリプトの品質が低下することがあります。外付けの集音マイクなどで会議室全体の声を収集できるようにしましょう。

Teams会議のCopilotの仕様・制約

Teams会議でCopilotを利用する場合の仕様・制約について紹介します。

☐ トランスクリプトついて

Teams会議のCopilot機能を活用するには、Teams会議でCopilotとトランスクリプトの両方をオンにします。

トランスクリプトを有効にしない場合、Copilotは会議中のみ一時的なトランスクリプトを使用して会議に関する質問に回答することができます。しかし会議が終了するとトランスクリプトが破棄されるため、Copilotが使用できなくなります。会議終了後にCopilotを使用する場合は、Copilotとトランスクリプトの両方をオンにしましょう。

トランスクリプトを有効にせず会議中にCopilotを使用するには、Teams会議の会議オプションから「Copilotの許可」を「会議中のみ」に変更する必要があります。ただし、この設定値は組織のIT管理者により無効にされている可能性があることに注意してください。

☐ 会議の情報量について

Copilotが質問に回答できるようにするには、会議で十分な発話が行われている必要があります。会議時間が短かったり、発言が少なかったりしてトランスクリプトに十分な情報がない場合だと、Copilotは以下のような通知を表示します。

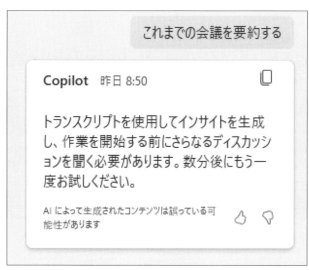

図4-4

☐ 外部組織の会議について

外部組織のユーザーがホストしている会議では、Copilotを有効にすることはできません。組織内で開催された会議でのみ機能します。

Teams 会議の Copilot の使い方

ここでは、実際の操作を交え Teams 会議の Copilot の使用方法や機能について紹介します。

☐ **会議中の Copilot**

　　Copilot を Teams 会議中に利用すると、議論の合間でも Copilot に質問できます。この機能を使えば、聞き逃した会話の内容をすぐに確認することができます。

・Copilot を起動する方法

　　Teams 会議で要約などの機能を利用するには、会議中に Copilot をオンにする必要があります。手順は簡単です。Teams 会議に参加し、画面上部の Copilot ボタンをクリック後「文字起こしの開始」を選択します。文字起こしに使う言語を選べば、Copilot の準備は完了です。

図 4-5

・会議中に Copilot を開く方法

　　Teams 会議の上部メニューバーに Copilot ボタンが表示されています。これをクリックするとサイドバーに Copilot のチャットフォームが展開されます。

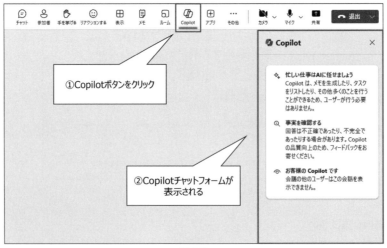

図 4-6

　　ここでは進行中の会議の内容について質問することができます。会議に遅れて参加した時、すぐに議論をキャッチアップするには、「これまでの会議を要約する」とプロンプトを打ちましょう。

メッセージボックス下部の「その他のプロンプト」を開くと、会議の要約を含めたプロンプトのリストが表示されます。これにより文字を打つことなく基本的な指示をCopilotに送ることができます。

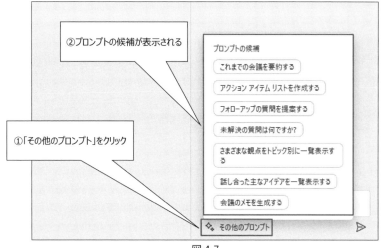

図4-7

なお、会議が始まったばかりの場合、Copilotが仕事するのに情報が足りない場合があります。エラーが出た場合は議論が始まってから数分後に実行しましょう。

Teams会議中のCopilotにより、聞き逃がしや議論の取り残しをなくすことができます。また、会議中にメモを取る必要がなくなり、より議論に集中できるようになります。会議後にもCopilotを使った振り返りを行うのであれば、Copilotとあわせてトランスクリプトを忘れずに有効にしてください。

会議後のCopilot

Teams会議の終了後にもCopilotを使用することができます。「Copilotを起動する方法」の手順を実施した場合、会議終了後もCopilotを使用することができます。

・会議後にCopilotを利用する

Teams左側メニューバーから「カレンダー」をクリックし、Copilotを有効にした会議を見つけ、ダブルクリックします。スケジュール画面にて、上部の「まとめ」タブを開くと、会議の様々なデータにアクセスできます。

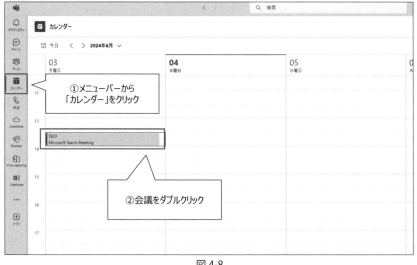

図4-8

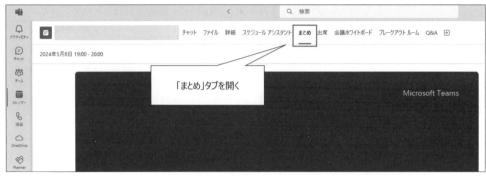

図 4-9

・Intelligent Recap

　この画面では、会議メモや要約、トランスクリプト、レコーディングなど会議に関するデータを一元的に確認できます。この画面のことを「Intelligent Recap」といいます。

　Intelligent Recap 画面のサイドに Copilot ボタンがあり、ここで Copilot とのチャットが可能です。

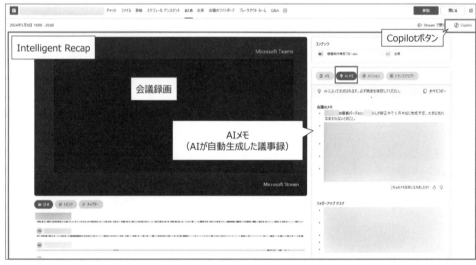

図 4-10

　ここでは AI が作成した議事録「AI メモ」を閲覧できます。議題別に整理されたメモを参照して、Teams 会議の要点を手早く確認できます。Copilot とトランスクリプトを有効にした会議では自動で AI メモが作成されるため、手動で議事録をとる必要がなく集中して議論に参加できます。

　また「トランスクリプト」タブから、文字起こしされた会議のトランスクリプトにアクセスできます。AI メモを読みながら、より詳細な会話はトランスクリプトから閲覧することができます。

・プロンプトを使って Copilot に質問する

　Copilot とのチャットを開くには、「Intelligent Recap」画面の右上にある「Copilot」ボタンをクリックします。ここではプロンプトを使って Copilot に質問ができます。

図 4-11

いくつかのプロンプトはシステムによってあらかじめ用意されています。メッセージボックス下部の「その他のプロンプト」をクリックすると、プロンプトの候補が表示されます。これにより、会議の要約やアクションアイテムリストの作成など、単純なプロンプトは文字を入力せずにクリックだけで送信できます。

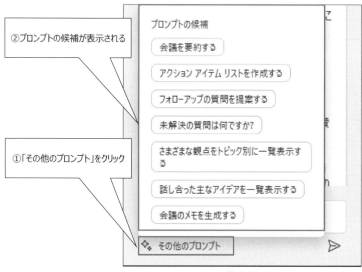

図 4-12

会議後の Copilot は議論の振り返りや、不参加だったユーザーのキャッチアップなどに非常に有効です。また、Intelligent Recap により一元管理された会議データと Copilot を組み合わせて確認することでさらに効率的に会議を振り返ることができます。AI メモやトランスクリプト、アクションアイテムリストなどを駆使して議論の成果を最大限に引き出しましょう。

4-3　チャットのCopilot

```
4-3　チャットのCopilot

■ チャットのCopilotとは
■ チャットのCopilotの使用例
■ チャットのCopilotの使い方
```

スライド 4-3：チャットの Copilot

チャットの Copilot とは

　過去のプロジェクトについて進め方や対応を振り返りたい場合、長々としたチャットの履歴を辿るのは煩わしくて非効率的です。Copilot はユーザーに代わって、チャットの内容から必要な情報を抽出して整理してくれます。

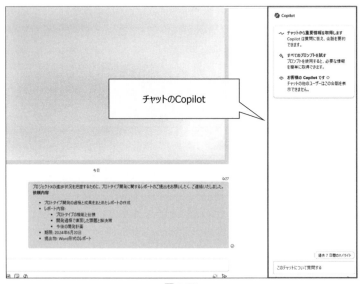

図 4-13

チャットの Copilot の使用例

チャットの Copilot では次のようなことが可能です。

会話の要約

Copilot の要約により、膨大なチャット履歴をさかのぼることなく必要な話題だけを確認できます。どのような観点で要約するかは自由に選ぶことができます。以下はその一例です。

・特定の話題のやり取りだけを集約する

図 4-14

・会話の期間を指定し、特定の月や日付の議論からハイライトを表示する

図 4-15

・特定の個人の発言やアクティビティをまとめる。

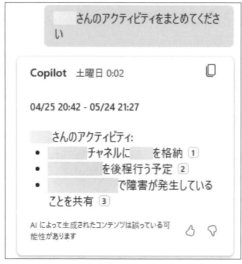

図 4-16

☐ **会話の結論、決定事項を提示する**

　チャットでの議論の中で、決定した事項だけを列挙します。チャットに参加していないユーザーに情報共有するとき、Copilot に質問するだけで結論をまとめてくれます。

図 4-17

☐ **タスクリストの作成**

チャットの会話内容からアクションアイテムを抽出し、タスクリストを作成します。「誰が」「いつ」「何をする」といった観点で整理して表示することができます。

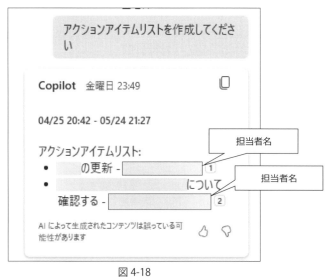

図 4-18

そのほかネクストアクションについてまとめたり、共有されたファイルを列挙したり様々な使い方があります。もちろん、単純な質問であってもチャットの中に情報があれば回答を得ることができきます。

図 4-19

図 4-20

図 4-21

　このように、チャットの Copilot の使い方は多岐にわたります。膨大な情報の中から必要なものだけを素早く抽出することで、煩わしい情報整理の時間を節約し、より重要な仕事に集中することができます。Copilot の自分なりの使い方を見つけることで、ビジネスの生産性を向上させることが可能です。

チャットの Copilot の使い方

　チャットの Copilot は、1：1のプライベートチャット・グループチャット・会議チャットで利用することができます。Teams 右側のメニューバーより「チャット」をクリックし、任意のスレッドを開くと、画面右上に Copilot マークが表示されています。ここから Copilot を起動することができます

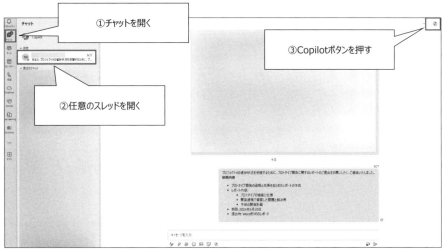

図 4-20

4-4　チームの Copilot

```
4-4  チームのCopilot

■ チームのCopilotとは
■ チームのCopilotの仕様
■ チームのCopilotの使い方
```

スライド 4-4：チームの Copilot

▎チームの Copilot とは

　チームの Copilot は、チームに投稿されたスレッドに関する質問に回答します。基本的な用途はチャットの Copilot と同様ですが、チャットではなくチームのスレッド単位で Copilot を利用することができます。以下は、チャットの Copilot と異なる仕様に焦点を当てて解説します。

▎チームの Copilot の仕様

　チャットの Copilot は、1：1のプライベートチャット・特定のグループチャット・特定の会議チャットが参照できる範囲です。
　チームの Copilot は、チーム内の特定のチャネル※に投稿された1つのスレッドとその返信メッセージが参照できる範囲です。スレッドを横断する検索はできません。そのため他のチームや他のチャネルを横断する検索も同様に実施できないため注意が必要です。

※チャネルはチームメンバーとコミュニケーションするスペースです。チャネルはチームに紐づいています。チーム内の様々な部署やプロジェクトに合わせてチャネルを作成して、会話を行うことが一般的です。

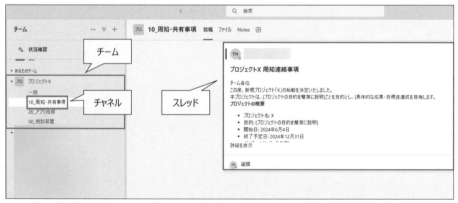

図 4-23

チームのCopilotの使い方

チームのCopilotへのアクセス方法

チャットのCopilotは、Copilotを使用したいチャットを開き、画面の右上のCopilotボタンをクリックすることでアクセスすることができます。

チームのCopilotは、チャネルを開き、スレッドのメニューバーからアクセスすることができます。メニューバーは、スレッドにマウスカーソルを当てると表示されます。「・・・」(その他のオプション)をクリックし、以下2つのいずれかを実施します。

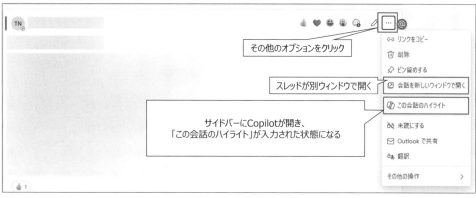

図4-24

- 「会話を新しいウィンドウで開く」をクリックすると、スレッドが別ウィンドウで開かれます。ウィンドウ右上に表示されるCopilotボタンをクリックすることでCopilotが開きます。
- 「この会話のハイライト」をクリックすると、チャネルの右サイドにCopilotが展開されます。さらに「この会話のハイライト※」というプロンプトがデフォルトで入力された状態となり、スレッドの要約を自動で表示します。

※「この会話のハイライト」は、スレッド内の情報が要約作成に十分でない場合は表示されません。たとえば、参加者が少なかったり、返信が少なかったりすると、このオプションは表示されなくなります。このオプションを使うときは、スレッドに十分な情報があることを確認して、「この会話のハイライト」メニューが表示されていることを確認してください。

4−5　メッセージボックスの Copilot

```
4-5　メッセージボックスのCopilot

■ メッセージボックスのCopilotとは
■ メッセージボックスのCopilotの使い方
```

スライド 4-5：メッセージボックスの Copilot

▌メッセージボックスの Copilot とは

　リモートワーク・ハイブリッドワークが普及するにつれて、チャットやチャネルでのコミュニケーションがますます増加しています。しかし、ひとつひとつの返信や投稿に時間を費やしていると生産性が損なわれます。メッセージボックスの Copilot は、チャットやチャネルでの文章作成をサポートする機能です。

　会議やチャット、チャネルの Copilot は、既存の会議や会話にアクセスしやすくし、検索、タスク管理などを効率化する機能でした。メッセージボックスの Copilot は、ユーザーの文章作成、情報発信のサポートをする点で、他の Copilot in Teams とは異なる性質を持つ機能です。

▌メッセージボックスの Copilot の使い方

□　メッセージボックスの Copilot へのアクセス方法

　　チャットおよびチャネルのメッセージボックス下部に Copilot ボタンが表示されています。メッセージを送信する前に、Copilot による文章の書き換えや編集を行うことができます。

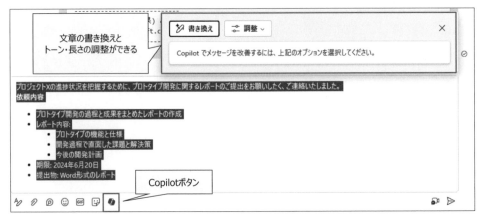

図 4-25

☐ **メッセージボックスの Copilot の機能**

メッセージボックスの Copilot には次のような機能があります。

・メッセージの書き換え提案

メッセージを投稿する前に Copilot ボタンをクリックし、「書き換え」をクリックします。すると、文法やスタイルを改善した別バージョンの文章が表示されます。Copilot の提案に満足できない場合、再度「書き換え」をクリックしましょう。さらに別の文章を提案してくれます。

再度書き換えを行った場合でも、過去に生成された文章は履歴として残ります。ただし、Copilot を閉じてしまった場合、履歴は削除されるので注意してください。

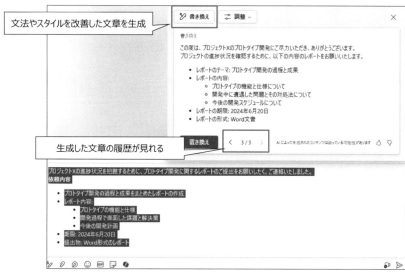

図 4-26

「置き換え」をクリックすると、下書きの内容がメッセージボックスに入力されます。メッセージボックスで「送信」を押すことでメッセージが投稿されます。

・トーンや長さの調整

メッセージを投稿する前に Copilot ボタンをクリックし、「書き換え」ボタンの右隣にある「調整」ボタンをクリックします。文章の長さやトーンを変更するオプションが表示されます。選択したオプションに合わせて文章が下書きとして作成されます。

生成された文章の履歴については「書き換え」と同じく複数回調整を繰り返した場合も有効ですが、Copilot を閉じると削除されます。

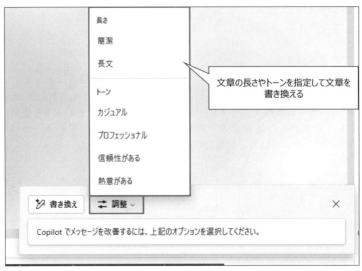

図 4-27

4-6 Copilot in Teams 関連演習

4-6 Copilot in Teams関連演習

演習内容
演習1 Teams会議でCopilotを起動する
演習2 Intelligent Recapを開き、会議後のCopilotにアクセスする
演習3 チャットのCopilotを開く
演習4 チャネルのCopilotにアクセスする
演習5 メッセージボックスのCopilotを使用する
演習6 Copilotアプリを操作する

スライド 4-6：Copilot in Teams 関連演習

※前提条件
- Copilot for Microsoft 365 のライセンスを付与したアカウントで Teams が利用できること
- 組織の IT 管理者により Teams 会議での Copilot の使用が無効にされていないこと
- 組織の IT 管理者によりトランスクリプトが無効にされていないこと
- 会議でマイクが使用できること

演習1　Teams 会議で Copilot を起動する

1. はじめに Teams 会議を作成するため、Microsoft Teams の左側メニューバーより［カレンダー］をクリックします。
2. カレンダー上で任意の日時をクリックすると、新しい会議の作成フォームが開きます。
3. 任意のタイトル(必要に応じて出席者)を入力し、［保存］をクリックします。
4. カレンダー上に会議が作成されます。対象の会議をクリックし、［個人の予定表］ポップアップから［参加］を選択します。
5. 会議参加画面で［今すぐ参加］をクリックします。
6. 会議に参加したら、上部の会議メニューから［Copilot］をクリックします。
7. ［Copilot を使用するには文字起こしをオンにします］というメッセージが表示されたら［文字起こしの開始］をクリックします。
8. ［みんなが話している言語は何ですか？］と表示されたらトランスクリプトに使用する言語を選択し、［確認］をクリックします。
9. サイドバーに Copilot が展開されたら Copilot の起動は完了です。Copilot による質問を使うには、数分間会話を行い、トランスクリプトに十分な情報を記録させます。
10. サイドバーの Copilot から、下部の［その他のプロンプト］をクリックし、プロンプトの候補が表示されることを確認します。
11. プロンプトの候補の中から任意のプロンプトをクリックします。［数分後にもう一度お試しください］というメッセージが表示されず、Copilot から正しく応答があることを確認したら、［退出］をクリッ

クして会議を終了します。

以上で、「Teams 会議で Copilot を起動する」演習は終了です。

演習2　Intelligent Recap を開き、会議後の Copilot にアクセスする

1. 演習1でトランスクリプトに十分な情報を記録し、Copilot から応答が得られるようになった会議を使用します。Microsoft Teams の左側メニューバーより［カレンダー］をクリックします。
2. 演習1で使用した会議を探し、ダブルクリックします。
3. 上部メニューバーから［まとめ］をクリックします。
4. ［Intelligent Recap］画面が開き、右側に AI メモが表示されていることを確認します。
5. 画面右上の［Copilot］ボタンをクリックします。
6. サイドバーに Copilot が展開されたら、メッセージボックス下部の［その他のプロンプト］をクリックします。
7. ［会議を要約する］をクリックし、Copilot が会議要約を生成することを確認します。

以上で、「Intelligent Recap を開き、会議後の Copilot にアクセスする」演習は終了です。

演習3　チャットの Copilot を開く

1. Microsoft Teams の左側メニューバーより［チャット］をクリックします。
2. 任意のチャットスレッドを開き、画面右上の［Copilot］ボタンをクリックします。
3. サイドバーに Copilot が展開されたら、Copilot のメッセージボックス上部に表示された［過去 xx 日間のハイライト］をクリックし、Copilot が応答を生成することを確認します。
4. メッセージボックス下部の［その他のプロンプト］をクリックします。
5. ［どのような決定が下されましたか？］をクリックし、Copilot が応答を生成することを確認します。［その他のプロンプト］の中に表示されていない場合は、メッセージボックスに手動入力してください。

以上で、「チャットの Copilot を開く」演習は終了です。

演習4　チャネルの Copilot にアクセスする

1. Microsoft Teams の左側メニューバーより［チーム］をクリックします。
2. 任意のチームのチャネルを開き、投稿されたスレッドにマウスカーソルを合わせます。
3. 右上にメニューが表示されたら［・・・］をクリックします。
4. ［会話を新しいウィンドウで開く］をクリックします。
5. スレッドが別ウィンドウでポップアップされ、右側に Copilot が展開されていることを確認します。
6. Copilot のメッセージボックス上部から［この会話のハイライト］をクリックし、Copilot が応答を生成することを確認します。
7. ポップアップされたウィンドウを閉じます。
8. 任意のチームのチャネルを開き、投稿されたスレッドにマウスカーソルを合わせます。
9. 右上にメニューが表示されたら［・・・］をクリックします。
10. ［この会話のハイライト］をクリックします。［この会話のハイライト］が表示されていない場合、スレッドに要約を生成するための情報量が不足している可能性があります。ほかのスレッドを試すか、2人以上でスレッドに返信を行い、十分な情報量を確保します。

11. ［この会話のハイライト］をクリックすると、右側サイドバーに Copilot が展開され、［この会話のハイライト］というプロンプトが自動実行されることを確認します。

以上で、「チャネルの Copilot にアクセスする」演習は終了です。

演習5　メッセージボックスの Copilot を使用する

1. Microsoft Teams の左側メニューバーより［チャット］をクリックします。
2. 任意のチャットスレッドを開き、メッセージボックスに文章を入力します。ここでは入力のみで、まだ送信はしません。
3. メッセージボックスに文章を入力したら、メッセージボックス下部のアイコンの中から［Copilot］ボタンをクリックします。
4. ［書き換え］をクリックし、Copilot が修正した文章の下書きを生成することを確認します。
5. 再度［書き換え］をクリックし、［4］とは異なる文章の下書きが生成されることを確認します。
6. ［置き換え］ボタンの右側に［< 2/2 >］と表示されることを確認し、矢印から Copilot が作成した2つの文章を切り替えて表示できることを確認します。
7. ［置き換え］をクリックし、下書きの内容がメッセージボックスに入力されることを確認します。
8. 再度メッセージボックス下部のアイコンの中から［Copilot］ボタンをクリックします。
9. ［調整］をクリックし、［トーン］の中から［プロフェッショナル］を選択します。
10. Copilot が修正した文章の下書きを生成することを確認します。
11. 再度［調整］をクリックし、［長さ］の中から［簡潔］を選択します。
12. Copilot が修正した文章の下書きを生成することを確認します。
13. ［置き換え］ボタンの右側に［< 2/2 >］と表示されることを確認し、矢印から Copilot が作成した2つの文章を切り替えて表示できることを確認します。
14. ［置き換え］をクリックし、下書きの内容がメッセージボックスに入力されることを確認します。
15. メッセージボックス右下の［送信］をクリックし、メッセージを送信します。

以上で、「メッセージボックスの Copilot を使用する」演習は終了です。

演習6　Copilot アプリを操作する

ここでは Chapter2 で紹介した Teams 上から利用できる Copilot アプリの操作を実際に行ってみます。
1. Microsoft Teams の左側メニューバーより［チャット］をクリックします。
2. チャット一覧の上部に表示される［Copilot］をクリックします。
3. Copilot アプリが開きます。画面右上の［新しいチャット］をクリックします。
4. 上部に表示されるプロンプトのサンプルから任意のプロンプトをクリックします。
5. 選択したプロンプトがメッセージボックスに自動入力されることを確認します。
6. メッセージボックス下部の［より良い結果を得るために、ユーザーやファイルなどを追加しましょう］をクリックします。
7. ユーザーやファイル、会議、メールなどの候補が表示されます。任意のユーザーをクリックします。
8. メッセージボックスに選択したユーザーが追加されます。これで Copilot は選択したユーザーに関する情報を探すことができます。
9. メッセージボックス下部の［プラグイン］をクリックします。
10. プラグインの一覧が表示されます。［Web content］のトグルがオンになっていることを確認します。［Web content］は Copilot アプリが検索を行う際に Web サイト上の情報を利用可能にするプラグインです。トグルをオフにすることで、Copilot は組織内のデータのみから回答を生成するようになります。

11. ［その他プラグイン］をクリックします。
12. Teams アプリストアが開き、Copilot 拡張機能の一覧が表示されることを確認します。ここに表示されているアプリはプラグインを通じて Copilot と連携することができます。
13. Teams アプリ上部、検索窓の左側にある［＜］を押して、Copilot アプリの画面に戻ります。
14. メッセージボックス上部の［プロンプトを表示する］をクリックします。
15. ［Copilot Lab からのプロンプト］が開いたら、任意のプロンプトをクリックします。
16. 選択したプロンプトがメッセージボックスに自動入力されることを確認します。
17. 再度メッセージボックス上部の［プロンプトを表示する］をクリックします。
18. 下部の［すべてのプロンプトを表示］をクリックします。
19. ウェブブラウザが開き、［Copilot Lab］のページに遷移することを確認します。
20. Copilot アプリの画面に戻り、上部に表示されるプロンプトのサンプルから任意のプロンプトをクリックします。
21. 選択したプロンプトがメッセージボックスに自動入力されることを確認します。
22. メッセージボックスから［送信］をクリックし、Copilot の回答が生成されることを確認します。
23. 画面右上の［・・・］をクリックします。
24. ［Copilot チャット］をクリックします。画面右側に Copilot に対して実行したプロンプトの履歴が表示されることを確認します。

以上で、「Copilot アプリを操作する」演習は終了です。

Chapter 5
Copilot in Word

Chapter 5　章の概要

章の概要

この章では、以下の項目を学習します

5-1　Copilot in Wordとは
5-2　文章作成の支援
5-3　文章の翻訳
5-4　Copilot in Word 関連演習

スライド 5：章の概要

Memo

5−1　Copilot in Word とは

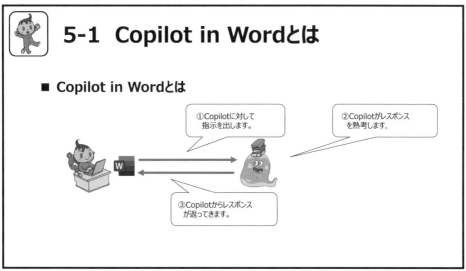

スライド 5-1：Copilot in Word とは

Copilot in Word とは

　まず初めに、Word が何かを簡単に説明します。Word とは Microsoft 社が提供している文章作成ソフトのことです。Word はレポート、会議の議事録、手順書作成と学生から社会人まで幅広いシチュエーションで使用されています。

　本チャプターでは、Word と Copilot を掛け合わせて何ができるようになるかを詳しく見ていきます。
　Word で作成されたマニュアルや仕様書、会議の文字起こしなども AI が素早く要約してくれるので、膨大な文書から必要な情報を簡単に抽出できます。このように、人間の手では長時間かかるような作業も Copilot なら一瞬で処理することが可能です。

　上記のほかにも、Copilot in Word には業務を効率化し、アイデアを生み出すための様々な機能があります。ここからは実際の画面遷移を確認しながら Copilot in Word の使い方を学習していきましょう。

5-2　文章作成の支援

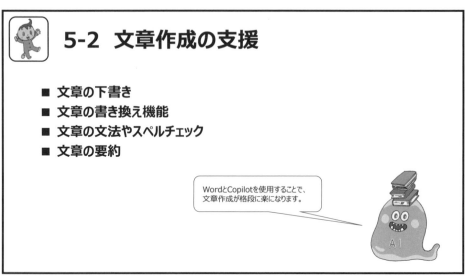

スライド 5-2：文章作成の支援

文章の下書き

Copilot in Word の下書き機能を使用することで、文章作成の時間を大幅に短縮できます。本項目では様々な下書き機能について紹介していきます。

□ **文章の下書き機能**

　　ビジネスシーンなどでゼロベースから企画を考えないといけない場面に遭遇したことはないでしょうか。そういったアイデア出しに困った際も Copilot の出番となります。下書き機能を使用すると、ゼロベースから企画書を作成してくれたり、Copilot が歌詞までも簡単に作成してくれたりします。

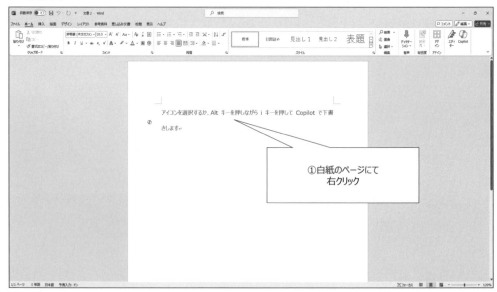

図 5-1

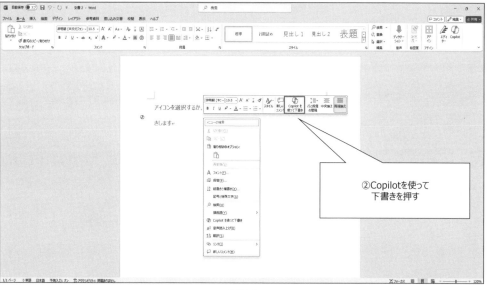

図 5-2

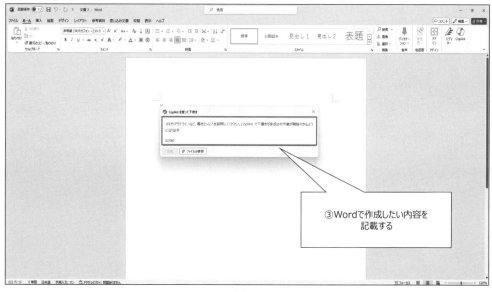

図 5-3

図 5-4

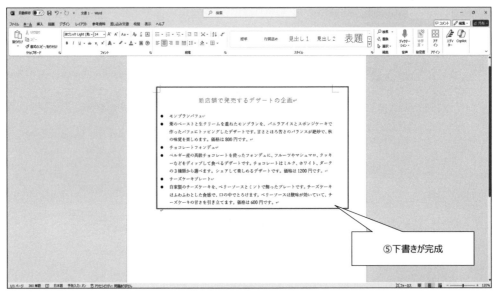

図 5-5

文章のアウトライン機能

　下書き機能であらかじめ、アウトラインを指定して Copilot に指示を出すことで、より精度の高い下書きを作成することが可能です。既に記載する内容が大枠決定している場合は、詳細な指示を出してみてください。

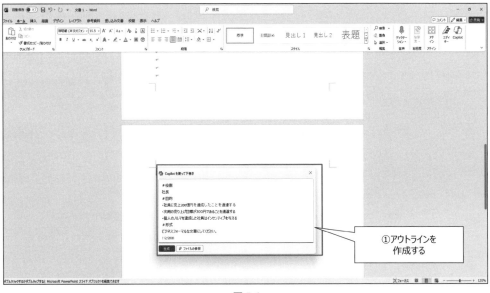

図 5-6

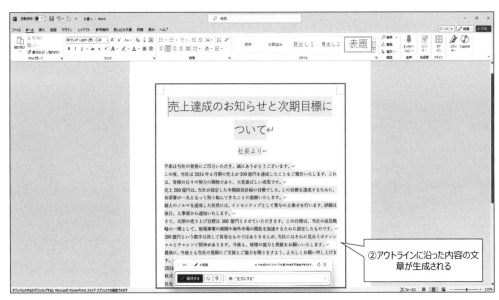

図 5-7

□ 表の作成

　Copilot in Word の下書き機能では、文章だけでなく表を作成することも可能です。表作成と言うと Excel を思い浮かべるかもしれませんが、Word 上でも表の作成ができ Copilot に依頼をかければ一瞬で作成してくれる便利な機能の一つです。下書き機能に具体的な指示を出すことで、Copilot が指示に沿った表を作成してくれるので、是非活用してみてください。

図 5-8

図 5-9

文章の書き換え機能

WordにあるCopilotの機能として、文章の書き換え機能があります。自ら作成した文章のニュアンスを変更し、別の言い回しを提案したり、文章のトーンを複数の候補から選択したりすることができます。本項目では、いくつか文章の書き換え機能を紹介します。

□ 文章の変換機能

Copilotを使うことで、既に作成済みの文章を別の表現や言い回しにしてくれます。書き換え機能は複数候補から選択が可能です。

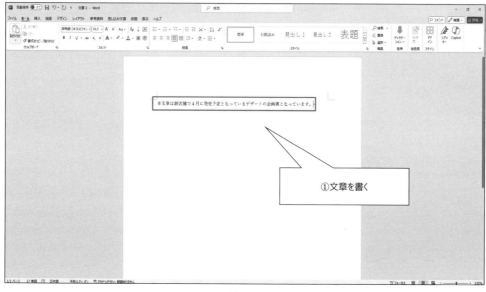

図5-10

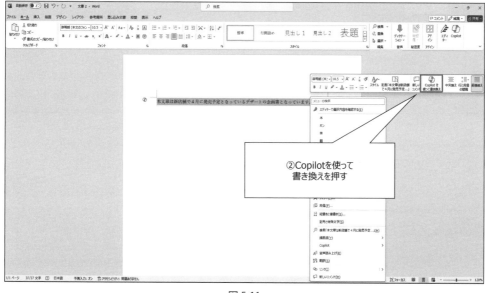

図5-11

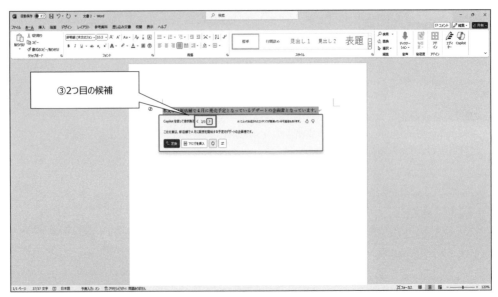

図 5-12

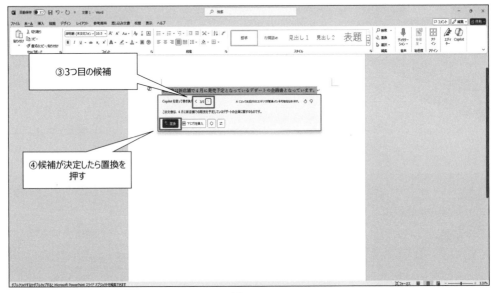

図 5-13

□ **文章のトーンの書き換え機能**

　Copilot in Word では、たった数クリックで堅苦しい文章を親しみやすくしたり、難解な文章を簡潔にしたりと、トーンの調整ができます。トーンの種類はニュートラル、プロフェッショナル、カジュアル、創造的、簡潔から選択できます。

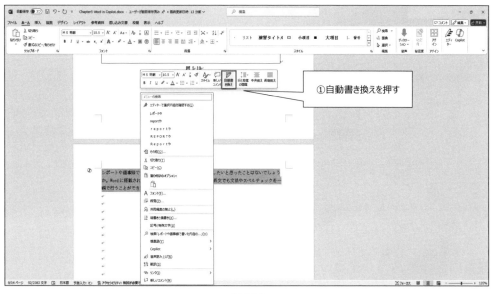

図 5-14

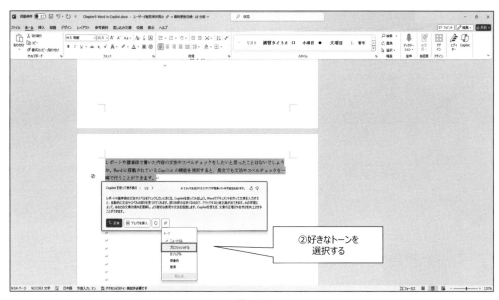

図 5-15

図 5-16

文章の文法やスペルチェック

　レポートや議事録で書いた内容の文法やスペルチェックをしたいと思ったことはないでしょうか。Word に搭載されている Copilot の機能を使用すると、長文でも文法やスペルチェックを一瞬で行うことができます。

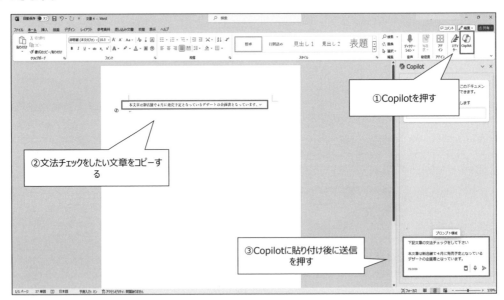

図 5-17

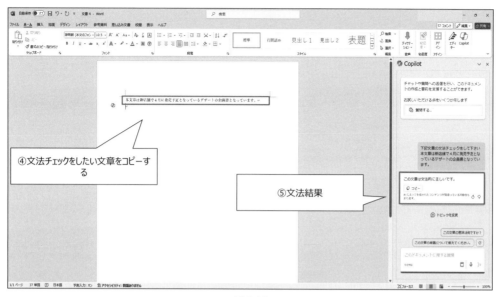

図 5-18

文章の要約

Copilot は文章の要約も得意です。長文で記載されている文章やレポートなどの要約を簡単に行ってくれます。文章の要約後に Copilot に質問を出すことで、要約した内容に基づいて回答をしてくれるのも特徴の一つです。

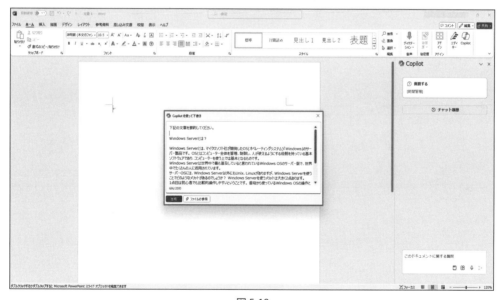

図 5-19

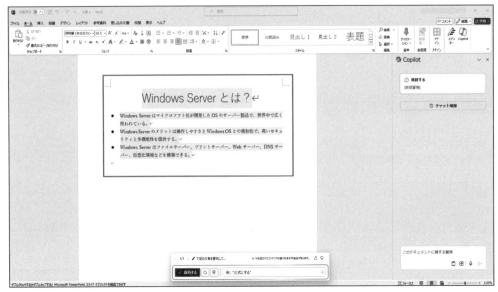

図 5-20

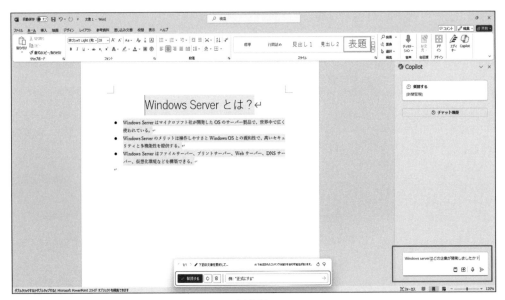

図 5-21

図 5-22

5-3　文章の翻訳

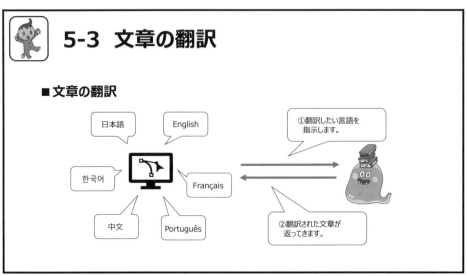

スライド 5-3：文章の翻訳

文章の翻訳

　現代のビジネスにおいては、文章やレポートなどを日本語から英語、または英語から日本語に翻訳することを求められることがあると思います。Copilot では翻訳機能も提供しているため、これまで言語の壁で苦戦をしていた方々にとってもビジネスシーンなどで大きな助けとなることでしょう。

□　翻訳機能
　　翻訳をかけたい文章データを用意し、Copilot に指示を出すことで、様々な言語に翻訳することが可能です。

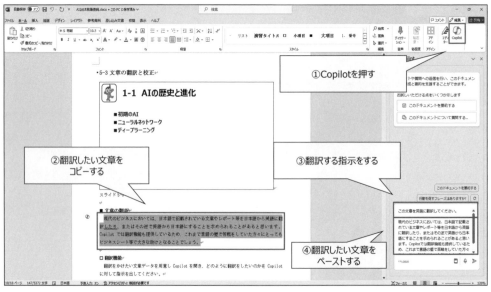

図 5-23

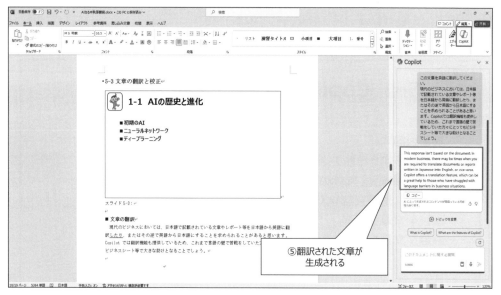

図 5-24

　Copilot は 60 以上の言語に対応をしており、主要な**翻訳言語**としては、英語、スペイン語、フランス語、ドイツ語、イタリア語、ポルトガル語、オランダ語、ロシア語、中国語、日本語、韓国語などがあります。

5-4 Copilot in Word 関連演習

5-4 Copilot in Word 関連演習

演習内容
演習1 下書き機能の活用
演習2 書き換え機能の活用
演習3 文法の文法やスペルチェック
演習4 文章の要約
演習5 文章の翻訳

スライド 5-4：Copilot in Word 関連演習

演習1　下書き機能の活用

1. ［Word］のアプリケーションをクリックし、［ホーム］-［白紙の文書］をクリックします。
2. 右クリックから［Copilot を使って下書き］をクリックします。
3. ［新入社員が電話対応に必要なフローチャートを作成してください。］と記入します。
4. ［生成］をクリックし文章が作成するまで待機します。
5. 指示通りに文章が作成されたことを確認します。

以上で、「下書き機能の活用」演習は終了です。

演習2　書き換え機能の活用

1. ［演習1］で作成したファイルの文章を全選択します。
2. 右クリックから［自動書き換え］をクリックします。
3. 複数置換候補が選択できることを確認します。
4. 好きな候補を選択後に［置換］をクリックします。
5. 文章が置換されたことを確認します。

以上で、「書き換え機能の活用」演習は終了です。

演習3　文章の文法やスペルチェック

1. 右上の［Copilot］をクリックします。
2. 右下の［このドキュメントに関する質問］に［文章の文法やスペルチェックに問題がないか確認してください。］と入力します。

3. 入力後に［右矢印］を押下します。
4. 文章の文法やスペルチェックが完了したことを確認します。

以上で、「文章の文法やスペルチェック」演習は終了です。
※残念ながら、ドキュメント自体に変更を加えることはできませんが、汎用的な質問やドキュメントに関する質問に答えることはできます。と表示される場合は手順2から複数回実行してみてください。

演習4　文章の要約

1. 右下の［このドキュメントに関する質問］に［文章の要約と重要項目の抽出をしてください。］と入力します。
2. 入力後に［右矢印］を押下します。
3. 文章の要約が完了したことを確認します。

以上で、「文章の要約」演習は終了します。
※残念ながら、ドキュメント自体に変更を加えることはできませんが、汎用的な質問やドキュメントに関する質問に答えることはできます。と表示される場合は手順1から複数回実行してみてください。

演習5　文章の翻訳

1. 右下の［このドキュメントに関する質問］に［文章を英語に翻訳してください。］と入力します。
2. 入力後に［右矢印］を押下します。
3. 文章の翻訳が完了したことを確認します。

以上で、「文章の翻訳」演習は終了します。
※残念ながら、ドキュメント自体に変更を加えることはできませんが、汎用的な質問やドキュメントに関する質問に答えることはできます。と表示される場合は手順1から複数回実行してみてください。

Memo

Chapter 6
Copilot in PowerPoint

Chapter 6　Copilot in PowerPoint

 章の概要

この章では、以下の項目を学習します

6-1　Copilot in PowerPoint とは
6-2　Copilot in PowerPoint の主な活用法
6-3　Copilot in PowerPoint 関連演習

スライド 6：章の概要

Memo

6-1 Copilot in PowerPoint とは

> **6-1 Copilot in PowerPoint とは**
>
> ■Copilot in PowerPointの活用

スライド 6-1：Copilot in PowerPoint とは

Copilot in PowerPoint の活用

　Copilot は、PowerPoint にも活用することができます。たとえば、プレゼンの内容とスライドの枚数といったような簡単な指示をするだけで、適切なデザインのプレゼン資料を pptx ファイルで作成させることや、Word で作ったファイルを読み込ませ、それをベースに PowerPoint の資料を作ってくれる、といったことも可能です。また、細かい修正も Copilot とチャットすることで、即座に修正してもらうことができます。

　この章では、PowerPoint での Copilot の活用方法について説明します。

6-2 Copilot in PowerPoint の活用法

6-2 Copilot in PowerPointの活用法

- ■Copilot in PowerPointを使うメリット
- ■Copilot in PowerPointの主な使用例

スライド 6-2：Copilot in PowerPoint の活用法

▍Copilot in PowerPoint を使うメリット

　Copilot in PowerPoint を使うことで様々なシーンに役立ちます。たとえば、プレゼンテーションを作成する時間を短縮させたり、PowerPoint を使用するのが苦手な人が短時間で資料を作成することができるようになります。

▍Copilot in PowerPoint の主な使用例

Copilot in PowerPoint の主な使用例を以下説明します。

☐ **テキスト・スライドの自動生成**
　Copilot はテキスト生成に優れており、スライドのタイトルや本文を自動的に生成できます。たとえば、プレゼンテーションの概要を簡潔にまとめたり、各スライドの説明文を生成したりするのに役立ちます。

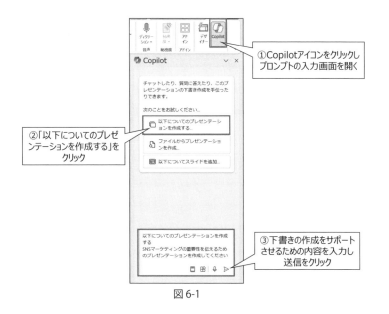

図 6-1

今回は、図 6-1 のようにプロンプト領域に「SNS マーケティングの重要性を伝えるためのプレゼンテーションを作成してください」と記入し、指示してみます。

図 6-2

すると、図 6-2 のように 12 ページほどのスライドを自動で生成してくれます。このように、ニーズに合わせてプレゼンテーションを作成したり、スライドを追加するよう依頼したり、新しいプレゼンテーションからやり直したりして、より詳細な情報を含めるよう指示し、より良いプレゼンテーションを作成することができます。

☐ **Word や PDF ドキュメントからプレゼンテーションの作成**

　Copilot を使用して、既存の Word ドキュメントからプレゼンテーションを作成できます。また、Copilot for Microsoft 365（職場）ライセンスをお持ちの場合は、PDF からも作成できます。さらに、文章を PowerPoint 資料化したときに文字が多い場合は、「視覚的に見やすくして」や「デザイン性を足して」などと指示をすることで、Word や PDF の内容を指示通りに修正し、PowerPoint へ反映してくれます。

図 6-3

　今回は、図 6-3 のように「Copilot でプログラミングをもっと便利に」という Word ドキュメントを用意します。

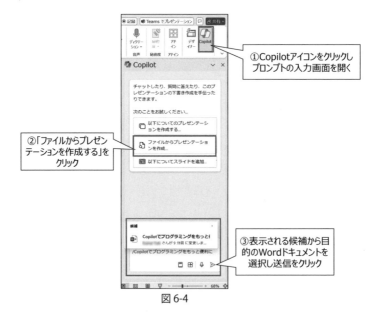

図 6-4

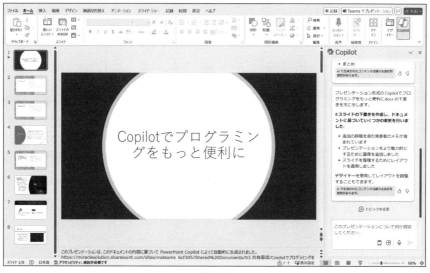

図 6-5

　図6-4のように、先ほど用意したWordドキュメントをPowerPointに読み込ませます。（目的のドキュメントが表示されない場合は、ファイル名の一部をプロンプト領域に入力して検索します。）

　すると、図6-5のようにWordドキュメントに記載されている内容をプレゼンテーションとして自動で作成してくれます。このように、既存のWordドキュメントやPDFを使用することで、一からプレゼンテーションを作成する必要がなく、時間を短縮させることができます。

□ **画像の挿入**

　Copilotでは、既に作成したプレゼンテーションに適切なスライドや画像を加えることができます。既存のプレゼンテーションに画像を挿入するには、たとえば「次の画像を追加します：PC」とCopilotに指示をしてみます。

図 6-6

図 6-7

すると、図 6-7 のように選択されているスライドに PC の画像が追加されました。

このように、Copilot は PowerPoint で資料を作成するときテーマは決まっているが、デザインが思い浮かんでいないときに、あなたの代わりにデザインを提案してくれます。

☐ **スライドの要約**

長いプレゼンテーションを読むとき、要点をすぐに理解したいと思ったことがあると思います。そのようなときは、Copilot を利用することで、プレゼンテーションの要約を生成することも可能です。

今回は図 6-7 で作成したプレゼンテーションを要約してみます。

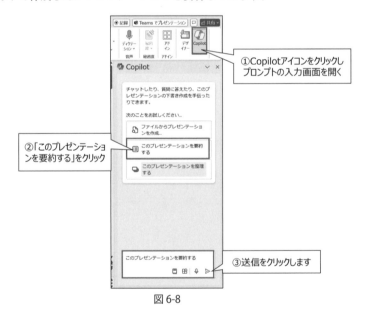

図 6-8

図 6-9

すると、図 6-9 のようにプレゼンテーションの要約が生成されます。これにより、このプレゼンテーションの重要なポイントを一目で理解することが可能になります。

□ **プレゼンテーションの整理**

プレゼンテーションを作成するとき、どのようにカテゴリを分けるか悩むことがあります。Copilot にプレゼンテーションを整理するように頼むと、スライドのカテゴリを自動的に作成し、見出しやスライドを挿入してくれます。

今回も図 6-7 で作成したプレゼンテーションを利用し、内容を整理してみます。

図 6-10

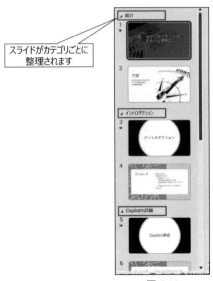

図 6-11

すると、図 6-11 のようにスライドがカテゴリごとに整理され、カテゴリの最初のスライドに見出しのスライドが作成されました。

このように、スライドの枚数が多いとき、Copilot を利用してスライドをカテゴリごとに整理すると分かりやすくなります。

□ **Copilot プロンプト**

上記までに記載したものは、プレゼンテーションの作成や変更を加える際に便利な機能です。しかしながら、このようなプレゼンテーションを作成したいとイメージができているときは便利ですが、イメージができていない場合は、何を Copilot に指示をすればいいのか考えてしまいます。

Copilot プロンプトは、Copilot に必要な内容を伝えるために使用する指示、または質問がテンプレートとして用意されています。これを利用することにより、プロンプト内容を考えたり入力する時間を短縮することができ、より良いプレゼンテーションを作成することが可能となります。

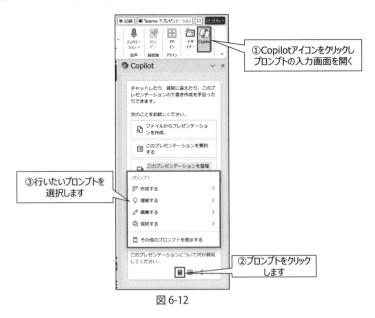

図 6-12

図6-10のように、本のアイコンからプロンプトガイドを呼び出して、カテゴリからプロンプトのサンプルを呼び出すことができます。Copilotが自動で用意してくれたサンプルから、プレゼンテーションに対して行いたい操作を選択することで、さらに具体的な指示を行うことができます。
　以下に今回作成したプレゼンテーションに対してCopilotが用意してくれたサンプルを紹介します。

・作成する
　「作成する」をクリックすると、プレゼンテーションを再度作り直すために必要な指示をテンプレートとして用意されています。

図6-13

・理解する
　「理解する」をクリックすると、このプレゼンテーション内容の要約など、読む人が理解するために必要な情報を提示してくれるようCopilotに指示するテンプレートが用意されています。

図6-14

- 編集する

　「編集する」をクリックすると、このプレゼンテーションを整理したり、スライドに画像を追加したりなど、より良いプレゼンテーションにするためにサポートしてくれるテンプレートが用意されています。

図 6-15

- 質問する

　「質問する」をクリックすると、Copilot についての全体的な質問や、プレゼンテーションをより良いものにするためのアイデアを Copilot に聞くことができます。

図 6-16

6-3　Copilot in PowerPoint 関連演習

6-3　Copilot in PowerPoint 関連演習

演習1　テキスト・スライドの自動生成
演習2　Wordで作成した資料からプレゼンテーションの作成
演習3　画像の挿入
演習4　スライドの要約
演習5　プレゼンテーションの整理

スライド 6-3：Copilot in PowerPoint 関連演習

演習1　テキスト・スライドの自動生成

1. PowerPoint を開き、［新しいプレゼンテーション］をクリックします。
2. 上部の［ホーム］タブをクリックし［Copilot］をクリックします。
3. ［以下についてのプレゼンテーションを作成する］をクリックします。
4. プロンプト領域に［Microsoft Copilot についての説明資料を作成してください］と入力し［送信］をクリックします。
5. 指示通りのスライドが作成されたことを確認します。

以上で「テキスト・スライドの自動生成」の演習は終了です。

演習2　Wordで作成した資料からプレゼンテーションの作成

1. PowerPoint を開き、［新しいプレゼンテーション］をクリックします。
2. 上部の［ホーム］タブをクリックし［Copilot］をクリックします。
3. ［ファイルからプレゼンテーションを作成する］をクリックします。
4. ［候補］から任意の Word ファイルを選択※し［送信］をクリックします。
5. Word ファイルに記載の内容がスライドとして作成されたことを確認します。

以上で「Wordで作成した資料からプレゼンテーションの作成」の演習は終了です。
※目的のファイルが表示されない場合には、プロンプト領域にファイル名の一部を入力して検索します。

演習3　画像の挿入

1. 任意の PowerPoint を開きます。
2. 上部の［ホーム］タブをクリックし［Copilot］をクリックします。
3. 画像を挿入したいスライドへ移動し、プロンプト領域に［Web ミーティングを行っている画像を追加してください］と入力し［送信］をクリックします。
4. スライドに Web ミーティングを行っている画像が挿入されたことを確認します。

以上で「画像の挿入」の演習は終了です

演習4　スライドの要約

1. 作成済みの任意の PowerPoint を開きます。
2. 上部の［ホーム］タブをクリックし［Copilot］をクリックします。
3. ［このプレゼンテーションを要約する］をクリックし［送信］をクリックします。
4. プレゼンテーションの概要が生成されたことを確認します。

以上で「スライドの要約」の演習は終了です

演習5　プレゼンテーションの整理

1. 作成済みの任意の PowerPoint を開きます。
2. 上部の［ホーム］タブをクリックし［Copilot］をクリックします。
3. ［このプレゼンテーションを整理する］をクリックし［送信］をクリックします。
4. スライドがセクションで整理され、見出しスライドが追加されたことを確認します。

以上で「プレゼンテーションの整理」の演習は終了です。

Chapter 7
Copilot in Excel

Chapter 7　章の概要

章の概要

この章では、以下の項目を学習します

7-1　Copilot in Excel とは
7-2　Copilot in Excel の主な活用法
7-3　Copilot in Excel 関連演習

スライド7：章の概要

Memo

7−1　Copilot in Excel とは

7-1　Copilot in Excel とは

■Copilot in Excelの概要

スライド 7-1：Copilot in Excel とは

Copilot in Excel の概要

　この章では Excel in Copilot 活用法について説明していきます。現状の Copilot in Excel の機能は主に既存の Excel の機能をチャットで呼び出すものになっています。たとえば、データの分析や集計、要約、チャートやピボットテーブルの作成、データに関する質問への回答などがあげられます。また、書式設定、条件付き書式設定、検索と置換、テーブル構造の変更など、Excel のコマンドも実行できます。これらの機能を使用して、データの処理や分析を効率的に行うことができます。

　Excel in Copilot を使用する際に 1 点注意点があります。それは、Copilot in Excel ではドキュメントが保存されていて、自動更新が有効になっていないと Copilot が使用できないので注意の必要があるということです。

　それでは実際に、次の節から Excel in Copilot の主な活用法について説明していきます。

7-2　Copilot in Excel の主な活用方法

スライド 7-2：Copilot in Excel の主な活用方法

数式の挿入

普段、仕事で Excel を使用する際に数式や関数を用いて効率化をしたいのに、どのように記述するかわからないといった人はいるのではないのでしょうか。

Copilot に作ってほしい数式を具体的に伝えることで、数式を作成してくれるだけでなく、生成した数式の説明と挿入をしてくれます。利益率を計算する数式の作成と、その挿入について以下に示します。表を「収益」と「予算」の項目で作り、例にしたがってやってみてください。

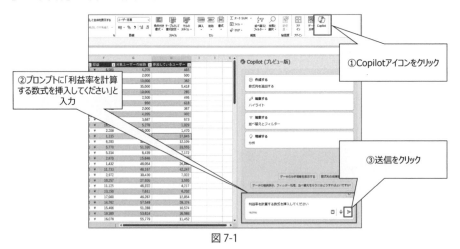

図 7-1

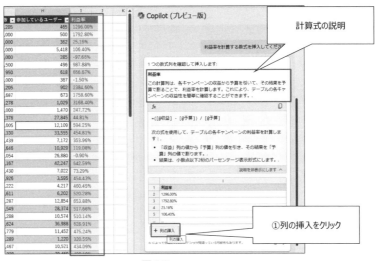

図 7-2

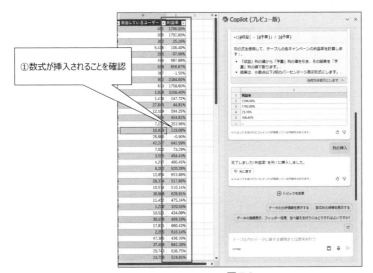

図 7-3

条件付き書式

　条件付き書式を用いることで、「ある数値を上回ったセルを強調する」といったように特定の条件にあてはまった場合に書式を変えることができますが、条件式の設定をすることが少し面倒に感じることもあります。Copilot を用いることで、条件と設定したい書式を指定するだけで、自動で新しく条件付き書式のルールを作成してくれます。
　以下では利益率の列で上位 10 位以内のセルを強調表示にする例について説明します。

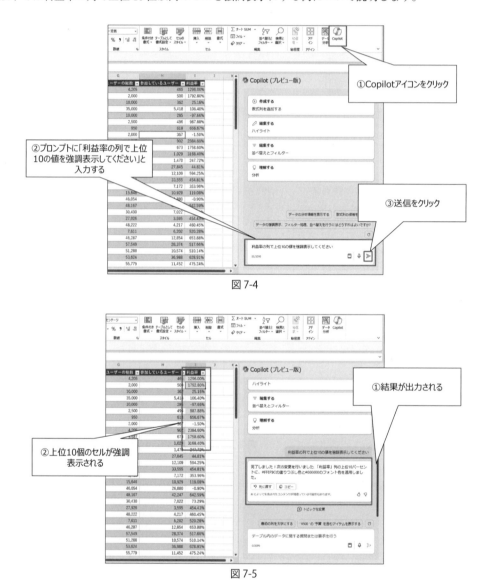

図 7-4

図 7-5

　ここで設定された条件は［ホーム］-［条件付き書式］-［ルールの管理］からも確認することができます。

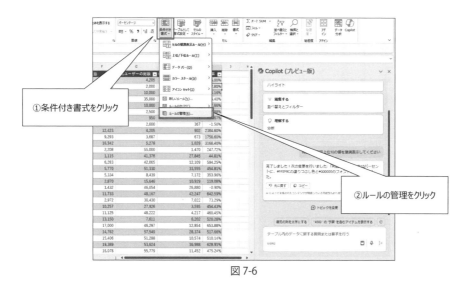

図 7-6

図 7-7

並び替えとフィルター

Copilot では並び替えとフィルターも自動で実行してくれます。
以下では予算が 2,000 円以下のセルだけを表示する例を説明します。

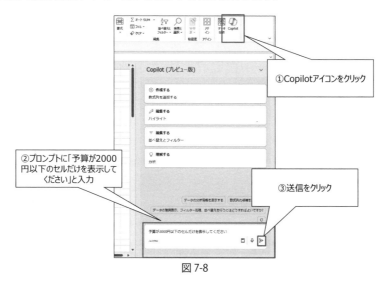

図 7-8

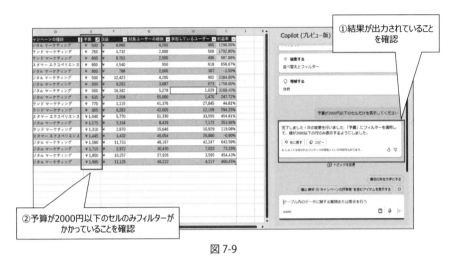

図 7-9

　ここで設定された条件はドロップダウン中の［数値フィルター］-［指定の値以下］からも確認することができます。

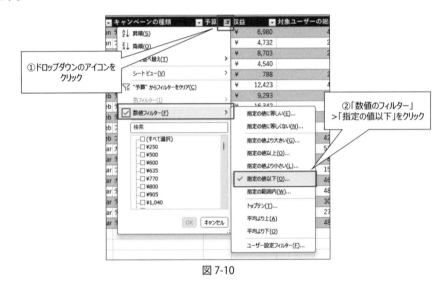

図 7-10

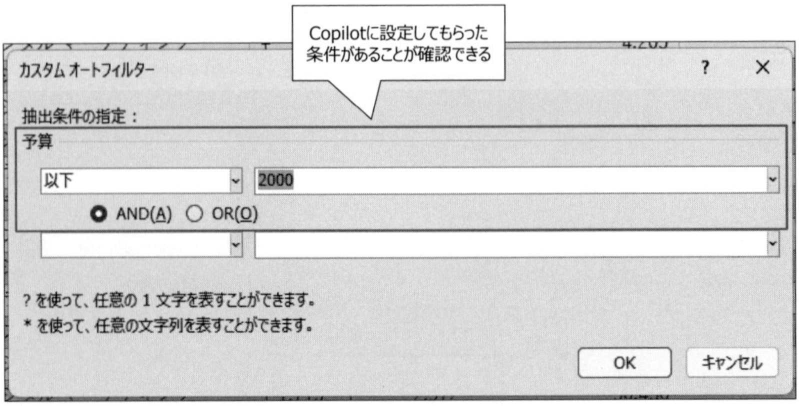

図 7-11

データ分析

データを分析したいときにどのような方法で行うか、どのグラフを使用すればよいかなどで悩む人は多いでしょう。Copilotでは「データに関する分析を見せて」と伝えるだけでデータに関するグラフを表示することができます。また、ピボットグラフとして表示してくれるため、ほかのパラメーターを用いたグラフも簡単に作成できます。ほかにも、グラフの種類を変えられるなど、日々の業務に役立つ機能があります。

以下に例を説明します。

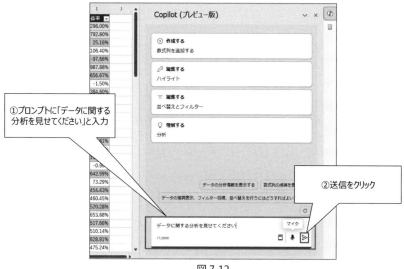

図 7-12

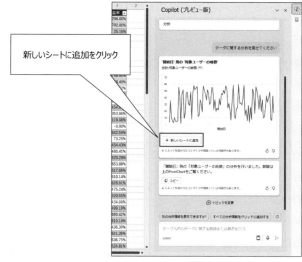

図 7-13

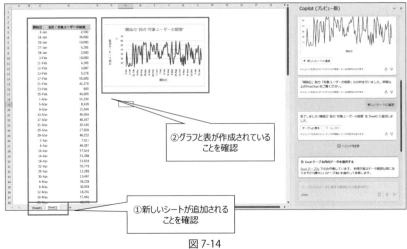

図 7-14

また、ここで生成されたデータとグラフはピボットテーブル形式で抽出されたものになるので、パラメーターを簡単に変えたり、グラフを変えたりもできます。

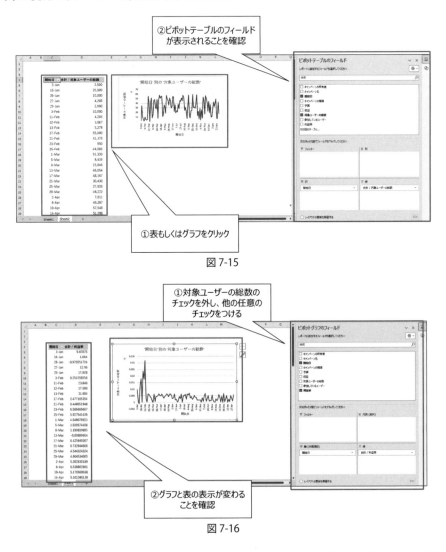

図 7-15

図 7-16

VBA コードの作成

日々の業務で VBA を用いて効率化したいけれど、VBA のコードの書き方がわからない、VBA の勉強をする時間もないという方は多いでしょう。Copilot では VBA のマクロのコードも出力してくれます。また、数式の生成と同じようにコードの説明についても記載してくれます。以下ではワークシートに含まれるすべてのグラフを図として保存する VBA のコードについて紹介します。

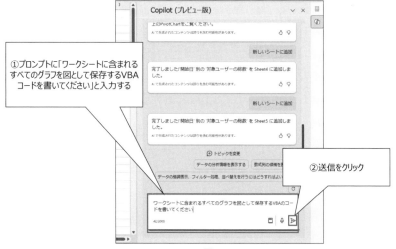

図 7-17

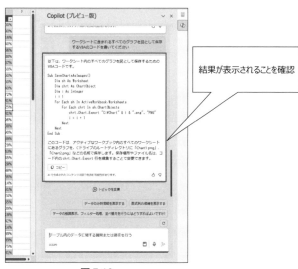

図 7-18

ここで生成されたコードは正しく処理されるよう記述されていますが、C ドライブ直下の「chart」フォルダーに保存する前提のコードになっています。このままでは実行時にエラーが発生してしまうため、ここではデスクトップ上に保存するように修正を指示します。

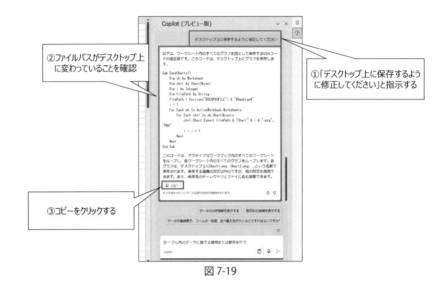

図 7-19

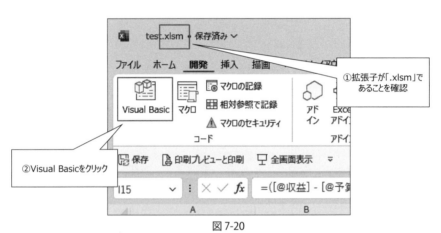

図 7-20

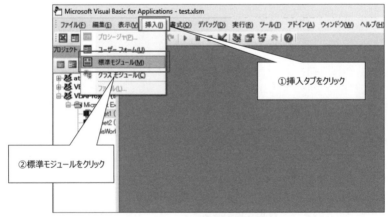

図 7-21

図 7-22

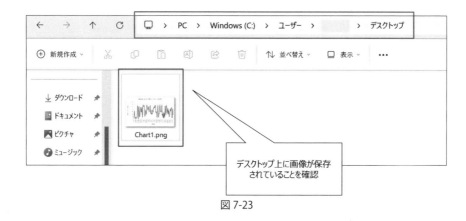

図 7-23

7-3　Copilot in Excel 関連演習

> 7-3　Copilot in Excel 関連演習
>
> 演習内容
> 演習1　数式の挿入
> 演習2　条件付き書式
> 演習3　並び替えとフィルター
> 演習4　データ分析
> 演習5　VBAコードの作成

スライド 7-3：Copilot in Excel 関連演習

※Copilot in Excel ではドキュメントが保存されていて、自動更新が有効になっていないと Copilot が使用できないため、以下の手順でデータセットを作成してから演習に取り組んでください。
・Excel を開き、[空白のブック] をクリックする。
・上部タブから [データ]-[データ分析]-[例を試す] をクリックする。
・OneDrive または SharePoint に Excel を保存し、自動更新が有効になっていることを確認する。

演習1　数式の挿入

1. 上部の [ホーム] タブをクリックし [Copilot] をクリックします。
2. プロンプト領域に「収益の数式を挿入してください」と入力し [送信] をクリックします。
3. 指示どおりの数式が作成されたことを確認します。
4. [列の挿入] をクリックします。

以上で「数式の挿入」の演習は終了です。

演習2　条件付き書式

1. 上部の [ホーム] タブをクリックし [Copilot] をクリックします。
2. プロンプト領域に「売り上げの列で一番高いセルを強調表示してください」と入力し [送信] をクリックします。
3. 売り上げが一番高いセルが強調表示されたことを確認します。

以上で「条件付き書式」の演習は終了です。

演習3　並び替えとフィルター

1. 上部の［ホーム］タブをクリックし［Copilot］をクリックします。
2. プロンプト領域に「収益を降順に並び替えてください」と入力し［送信］をクリックします。
3. 指示どおりに並び替えがされていることを確認します。

以上で「並び替えとフィルター」の演習は終了です。

演習4　データ分析

1. 上部の［ホーム］タブをクリックし［Copilot］をクリックします。
2. プロンプト領域に「データに関する分析を見せてください」と入力し［送信］をクリックします。
3. 指示どおりデータに関するグラフが表示されたら、［新しいシートに追加］をクリックします。
4. 新しいシートにグラフとピボットテーブルが追加されたことを確認します。

以上で「データ分析」の演習は終了です。

演習5　VBAコードの作成

※この演習ではExcel VBAの機能を使用するための「開発」タブを使用します。Excel上部に「開発」タブがない場合、以下の手順で表示してください。
　・上部の［ファイル］-［オプション］-［リボンのユーザー設定］をクリックします。
　・［リボンのユーザー設定］および［メイン］タブの下の［開発］のチェックボックスをオンにします。
　・上部のタブに「開発」タブがあることを確認します。

※この演習ではExcel VBAを使用します。Excel VBAを使用する場合、ファイルの拡張子が「xlsm」である必要になります。違う拡張子の場合は以下の手順を実施し、拡張子を「xlsm」にしてください。
　・上部の［ファイル］-［コピーを保存］-［参照］をクリックします。
　・保存したい場所を選択した後、下部の「ファイルの種類」を「Excelマクロ有効ブック（*.xlsm）」を選択して保存します。
　・ファイルの拡張子が「xlsm」であることを確認します。

1. 上部の［ホーム］タブをクリックし［Copilot］をクリックします。
2. プロンプト領域に以下を入力し［送信］をクリックします。
    　　以下の条件でExcelのマクロを作成してください
    　　　・複数シートに対し1シート1ファイルとなるPDFを作成
    　　　・PDFのファイル名はシート名
    　　　・ファイル保存先はデスクトップ上に保存
3. 指示どおりのVBAマクロが作成されたことを確認します。
4. Excelファイルの拡張子が「.xlsm」となっていることを確認します。
5. 上部タブの「開発」タブをクリックし、［Visual Basic］をクリックします。
6. 「Microsoft Visual Basic for Applications」が起動したら、上部タブの［挿入］-［標準モジュール］をクリックします。
7. 3で出力されたコードをペーストし、上部の［実行］ボタンをクリックします。
8. 表示されたマクロを選択し、実行ボタンを押します。
9. マクロが実行され、デスクトップ上に各シートのPDFが保存されていることを確認します。

以上で「VBA コードの作成」の演習は終了です。

Chapter 8
Copilot in Outlook

Chapter 8　章の概要

章の概要

この章では、以下の項目を学習します

8-1　Copilot in Outlook とは
8-2　Copilot in Outlook の主な活用法
8-3　Copilot in Outlook 関連演習

スライド 8：章の概要

Memo

8-1 Copilot in Outlook とは

8-1 Copilot in Outlook とは

■ Copilot in Outlookの活用

スライド 8-1：Copilot in Outlook とは

Copilot in Outlook の活用

　Outlook はメールやカレンダーなどのビジネスコミュニケーションに欠かせないツールです。しかし、一つひとつメールの作成や返信には時間や労力がかかります。

　Copilot を使うと、Outlook の中で自動的にメールの下書きを生成したり、メール文章の文法や表現をチェックしたりすることができます。Copilot は人工知能を活用したライティングアシスタントで、ユーザーのニーズに合わせた文章を作成・提案します。

　この章では、Outlook で Copilot をどのように活用できるかを学びます。

8-2　Copilot in Outlook の主な活用法

> 8-2　Copilot in Outlookの主な活用法
>
> ■ Copilot in Outlookを使うメリット
> ■ Copilot in Outlookの主な使用例

スライド 8-2：Copilot in Outlook の主な活用法

Copilot in Outlook を使うメリット

　Copilot in Outlook では、新規メールおよび受信したメールへの返信をユーザーの要望に沿って自動で作成できます。また、受信したメールを要約し、たとえば「先週受信したメールで重要なもの」と指定すれば、Copilot が日ごとにメールを検索し抽出してユーザーに教えます。

　カレンダーに会議の予定を入れておけば、Copilot が会議の詳細を表示します。

　ただし、2024 年 5 月現在、職場または学校のアカウント、および Outlook.com、hotmail.com、live.com、および msn.com のメール アドレスを使用する Microsoft アカウントのみをサポートしており、mail、Yahoo、iCloud などのサード パーティのメール プロバイダーのアカウントを使用している Microsoft アカウントは Outlook の Copilot 機能を利用することはできません。

Copilot in Outlook の主な使用例

メール文章の表現チェック

最初の生成では、プロンプトに入力した内容どおりに文章が生成されています。しかし、この段階ではまだビジネスメールには適していません。ボックスの下部に用意されているもう1つのテキストボックスに、追加の要件を入力してみましょう。

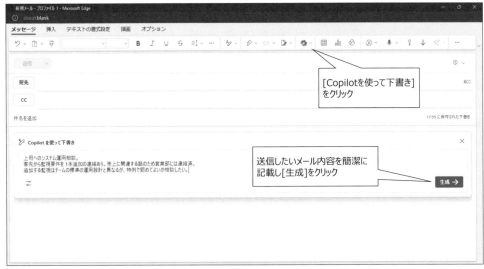

図 8-1

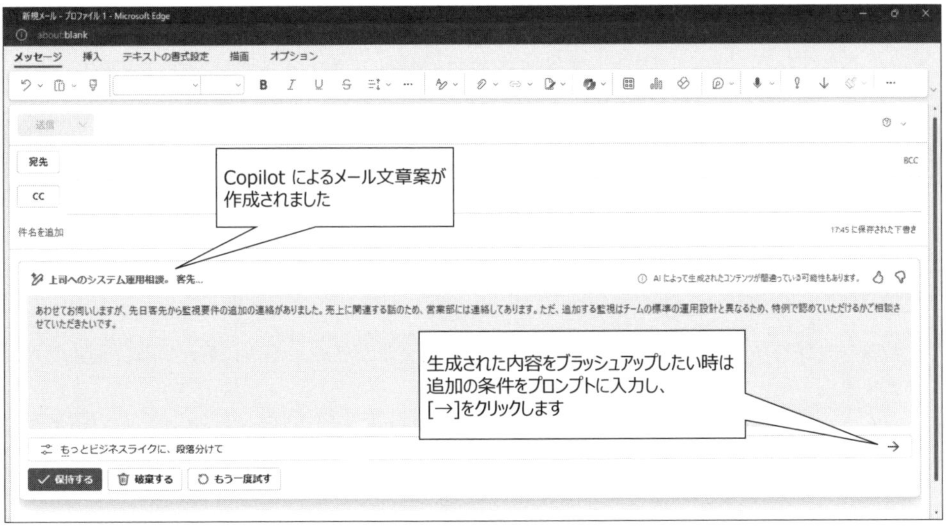

図 8-2

ビジネスメールに適した文章を作成したい場合「もっとビジネスライクに」といった要件をプロンプトに入力すると、言葉遣いや段落が見直された文章が生成されます。

図 8-3

今回は以下の文章が下書きとして生成されました。

拝啓　暑中お見舞い申し上げます。

本メールは、先日お客様よりいただいた監視要件の追加について、ご相談させていただきたくお送りいたしました。

お客様のご要望により、弊社が提供するサービスに対して、売上と関連する監視項目を追加することになりました。この監視項目は、弊社の標準的な運用設計とは異なりますが、ビジネスチャンスの拡大のために必要なものと判断しました。営業部には既に報告しておりますが、技術的な実装については、まだ確定しておりません。
そこで、この監視要件の追加を、特例として認めていただけないかと存じます。もちろん、追加する監視項目に関する費用やリソースの見積もりは、別途提出いたします。ご多忙のところ恐縮ですが、ご検討のほどよろしくお願いいたします。

敬具

　最後に［保持する］をクリックすると生成された文章がメール本文に転記され、編集が可能になります。

　ただし、この文章でも表現が丁寧すぎたり、Copilotで生成された内容が伝えたい事や実情と異なっていたりする場合があります。実際に業務で利用する際はプロンプトを工夫したり、送信先やケースによって変更したりしますが、いずれもユーザーはCopilotでの生成物をチェックし、修正する必要があります。

☐ メール文章の表現チェック

図 8-4

図 8-5

Copilot によるコーチング結果の例を示します。

慎重さをもっと強調してください
メールは丁寧で謙虚な表現が多くありますが、監視要件の追加についての慎重さや課題感をもっと伝えることができます。
候補
"必要なものと判断しました"を"必要かもしれません"に変えて、確信のなさを示してください。
"特例として認めていただけないかと存じます"を"特例としてご検討いただければ幸いです"に変えて、控えめな依頼にしてください。
"別途提出いたします"を"できるだけ早く提出いたします"に変えて、迅速な対応を約束してください。

信頼と理解を高めてください
メールでは、お客様のご要望に応えようとする姿勢が示されていますが、監視要件の追加がどのようにお客様の利益になるのか、また、弊社の運用設計との整合性がどのように保たれるのか、をもっと説明することができます。
候補
"売上と関連する監視項目を追加することになりました"の後に、"これにより、お客様の業績や市場の動向をより正確に把握できると考えております"と添えて、監視項目の追加の効果を強調してください。
"この監視項目は、弊社の標準的な運用設計とは異なりますが"の後に、"お客様のニーズに合わせて柔軟に対応することが弊社の方針であることをご理解いただければと思います"と添えて、弊社の姿勢を伝えてください。
"技術的な実装については、まだ確定しておりません"の後に、"お客様のご要望に応えるため、弊社のエンジニアが最善の方法を検討しております"と添えて、信頼を高めてください。

要点をもっと整理してください
メールでは、監視要件の追加についての背景や目的が説明されていますが、メールの目的や主な質問がメールの前半に明確にされると、より読みやすくなります。
候補
メールの冒頭に、"監視要件の追加について、お客様と弊社の合意事項を確認した上で、特例の承認をお願いしたいと思います"と書いて、メールの目的と要望を提示してください。
メールの最後に、"このメールにて、監視要件の追加の背景と目的をお伝えしました。特例の承認については、ご返信をお待ちしております。"と書いて、メールの要点をまとめてください。
メールには、監視要件の追加に関する費用やリソースの見積もりの締め切りや提出方法についても触れると、より明確になります。

☐ メールスレッドの要約

受信・返信したメールのやりとりを Copilot で要約することで、タスクを明確にすることができます。メール上部にある [Copilot を使って要約] をクリックします。

図 8-6

図 8-7

Copilot がメールをスキャンし、書かれている内容の要約を行います。これは返信メールでも利用でき、たとえば自分が参加していないメールのやりとりを途中から把握する必要がある場合に役立ちます。

☐ Outlook での Copilot チャット

Outlook 左メニューに追加されている Copilot マークをクリックすることで、チャット形式で Copilot のサポートを受けることができます。

この画面ではいくつかの定型作業がボタンで配置されており、クリックすると決まったプロンプトが自動で入力されます。実行するだけで Copilot が直近のタスクや予定を教えてくれます。また、1 つの長期的なやりとりについて、複数のメールを横断して解析し、タスク状況を把握するサポートをすることもできます。

「プロンプトを表示する」をクリックすることで、画面に表示されているタスク以外で用意されている定型のプロンプトを表示します。

図 8-8

8-3 Copilot in Outlook 関連演習

```
8-3  Copilot in Outlook 関連演習

演習内容
演習1  メールの下書き作成
演習2  メール文章の文法と表現チェック
演習3  受信メールの要約
```

スライド 8-3：Copilot in Outlook 関連演習

　本演習では「新しい Outlook」（2024 年 5 月時点）の UI（ユーザーインターフェース）で操作することを想定しています。従来の Outlook でも Copilot の利用は可能ですが、画像内で示している Copilot ボタンの場所が異なることに注意してください。「新しい Outlook」と「従来の Outlook」の違いは下記のウェブサイト※をご参照ください。

※Windows 用の新しい Outlook の概要
　https://support.microsoft.com/ja-jp/office/windows-656bb8d9-5a60-49b2-a98b-ba7822bc7627

演習1　メール文章の下書き作成

1. Outlook 画面左上の［新規メール］をクリックします。
2. 上部のリボンから［Copilot］-［Copilot を使って下書き］をクリックします。
3. 表示されたボックス内に［客先への要件確認書レビューの日程調整依頼］と入力します。
4. ［生成］をクリックし文章が作成するまで待機します。
5. 指示どおりに文章が作成されたことを確認します。
6. 生成された文章によって［他に変更することはありますか？］の欄に追加の条件を入力します。

以上で、「メール文章の下書き作成」演習は終了です。

演習2　メール文章の文法と表現チェック

1. Outlook 画面左上の［新規メール］をクリックします。
2. 任意のメール文章を作成します。演習には文法や表現に誤りのある文章を使用します。そのため［演習1メール文章の下書き作成］で生成したメールの下書きに追加で［少し誤字・脱字や文法間違いを入れて］と条件を入力して生成した文章で検証することも可能です。
3. 上部のリボンから［Copilot］-［Copilot によるコーチング］をクリックします。

4. Copilotによる分析が完了するまで待機します。
5. トーン・閲覧者の感情・明確さの3項目にわたってCopilotのコーチング画面が表示されます。

以上で、「メール文章の文法と表現チェック」演習は終了です。

演習3　受信メールの要約

1. Outlookの［受信メール］で任意のメールを選択します。
2. 件名下の［Copilotによる要約］をクリックします。
3. Copilotによる分析が完了するまで待機します。
4. 要約結果が複数の返信や添付ファイル内容を含みながら表示されることを確認します。

以上で、「受信メールの要約」演習は終了です。

Chapter 9
その他アプリケーションでのCopilot

Chapter 9　章の概要

章の概要

この章では、以下の項目を学習します

9-1　その他アプリケーションでのCopilotの活用
9-2　Copilot in Whiteboard
9-3　Copilot in Loop
9-4　Copilot in Power Automate
9-5　Copilot in Power Apps
9-6　その他アプリケーションでのCopilot関連演習

スライド9：章の概要

Memo

9-1　その他アプリケーションでの Copilot の活用

9-1　その他アプリケーションでのCopilotの活用

■その他アプリケーションでのCopilot

スライド 9-1：その他アプリケーションでの Copilot の活用

その他アプリケーションでの Copilot

　Copilot は、Microsoft Teams、Word、PowerPoint、Excel、Outlook 以外でも活用できます。たとえば、Microsoft Whiteboard にてリモート会議で出し合ったアイデアの整理、Microsoft Loop にて共同作業をスムーズに進めるためのコンテンツの提案、Microsoft Power Automate にて業務プロセスを自動化するフローの作成、Microsoft Power Apps にてアプリケーションの開発を加速するためのコードの自動生成などです。
　この章では、前章にて紹介したアプリケーション以外での Copilot の活用方法について説明します。

9-2 Copilot in Whiteboard

9-2 Copilot in Whiteboard

- ■ Microsoft Whiteboardの概要
- ■ Microsoft WhiteboardでのCopilot活用方法

スライド 9-2：Copilot in Whiteboard

Microsoft Whiteboard の概要

　Microsoft Whiteboard は、オンラインで使用できるデジタルホワイトボードアプリです。ユーザー同士でホワイトボードを共有し、同時に作業ができます。手描き入力やテキスト追加、画像やファイルの追加など多彩な機能があり、また、便利なテンプレートも用意されています。これらを活用することで、テレワークやオンライン授業がより楽しく、創造的になります。

Microsoft WhiteboardでのCopilot活用方法

Microsoft WhiteboardでCopilotを使用すると、より創造的なアイデアの提案、提案されたアイデアを自動でジャンルごとに分類、要約を行うことが可能です。

具体的な活用方法について以下で説明します。

□ アイデアを提案する

Microsoft Whiteboardを開き、新しいホワイトボードを作成する際、Whiteboardツールバーの横に表示されるCopilotボタンをクリックすることで、Copilotのメニューが表示されます。メニュー内の「候補表示」をクリックすると、「Copilotでコンテンツを提案する」というプロンプト入力ボックスが表示され、提案してほしいプロンプトを入力することで、自動的にアイデアを提案してくれます。

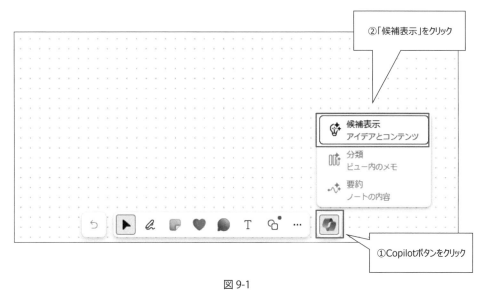

図9-1

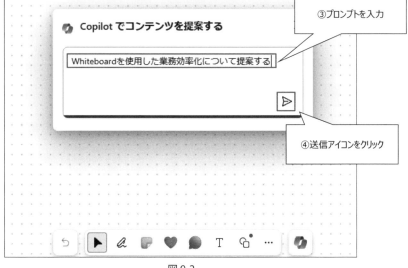

図9-2

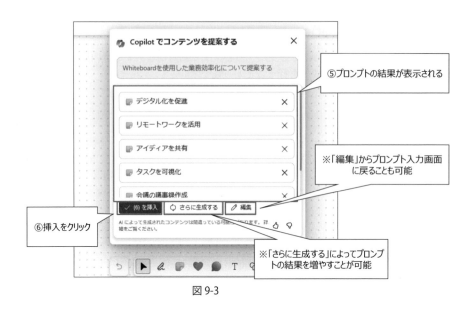

図 9-3

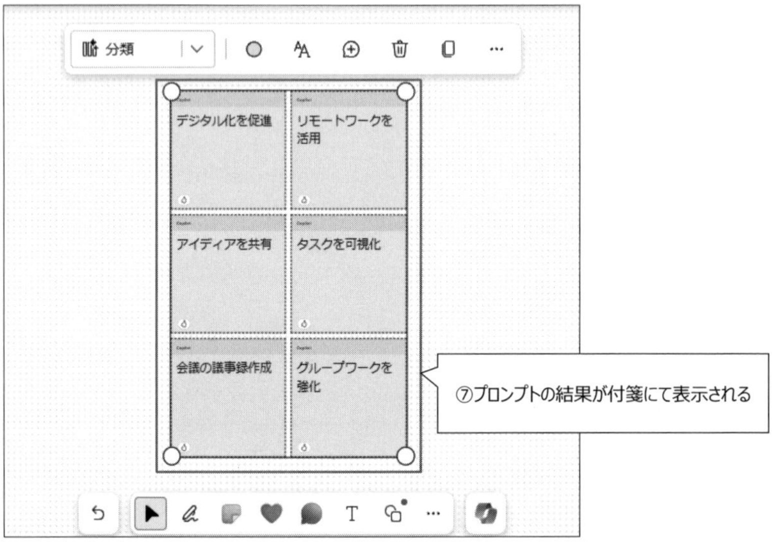

図 9-4

　また、各付箋から選択できる「候補表示」によって、選択した付箋のアイデアからより細分化したアイデアを提案することもできます。

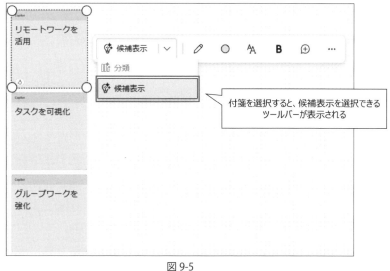

図 9-5

図 9-6

□ **アイデアを整理する**

付箋として表示したボード上のアイデアを、カテゴリごとに整理することができます。

Copilot のメニュー内の「分類」をクリックすると、自動的にカテゴリが生成され、アイデアの内容に合わせて付箋が整理されます。

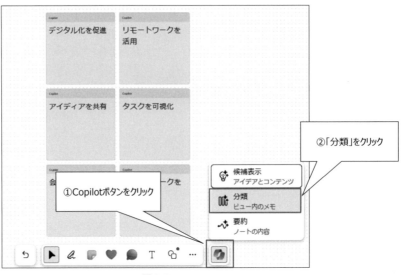

図 9-7

図 9-8

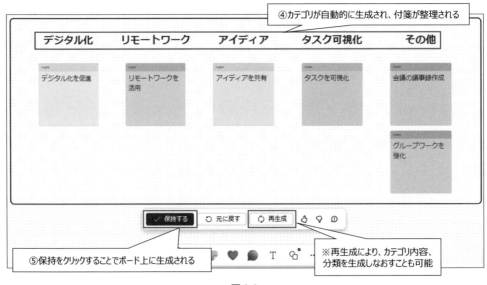

図 9-9

☐ **アイデアを要約する**

付箋として表示したボード上のアイデアを、文章としてまとめることができます。

Copilotのメニュー内の「要約」をクリックすると、自動的にアイデアの内容が文章として生成されます。これにより、アイデア全体を議事録のようにまとめることが可能です。

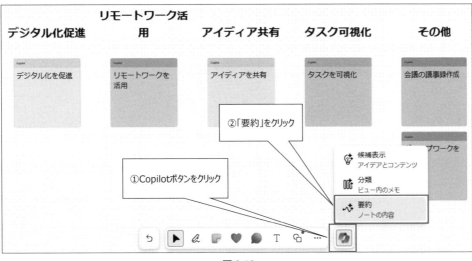

図 9-10

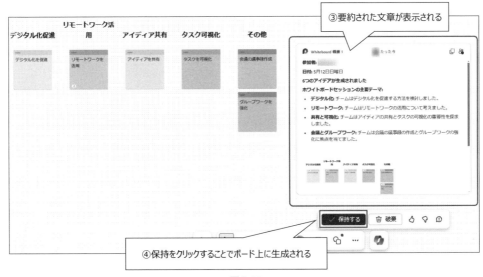

図 9-11

9-3 Copilot in Loop

9-3 Copilot in Loop

- Microsoft Loopの概要
- Microsoft LoopでのCopilot活用方法

スライド9-3：Copilot in Loop

Microsoft Loop の概要

Microsoft Loopは、Microsoftが提供する新しいコラボレーションツールです。ワークスペースを作成し、WordやExcelなどのMicrosoft 365のアプリケーションを連携させ、チームがリアルタイムで共同作業できるようなプラットフォームとなっています。そのため、プロジェクトの進行状況をチーム全体で共有、アイデアのブレーンストーミングなどが可能になります。また、WordやExcelなどのアプリと紐づくコンポーネントはリアルタイムで同期され、OneDrive上に保存されていくため、毎回情報を更新する必要がありません。これにより、ユーザー同士が時間や場所を問わずに一緒に業務を進めることができます。

Microsoft Loop での Copilot 活用方法

Microsoft LoopにてCopilotを使用すると、Microsoft Whiteboardと同様に、ユーザー同士でアイデアを出し合う際に手助けをしてくれます。作成したいコンテンツの下書きやページの要約、ページ内のコンテンツの書き換えが可能です。

具体的な活用方法について以下で説明します。

☐ **コンテンツを作成する**

Microsoft Loopを開き、新しいコンポーネントを作成する際、ページ内にて「/」(半角スラッシュ)を入力するとドロップダウン メニューが表示され、「ページ コンテンツの下書き」をクリックすると、Copilotのプロンプト入力ボックスが表示されます。提案してほしいプロンプトを入力することで、自動的にコンテンツの下書きを作成してくれます。また、プロンプト入力ボックス下部には事前に提案されたプロンプトも表示されるため、これらをクリックすることでCopilot独自のプロンプトを入力することも可能です。

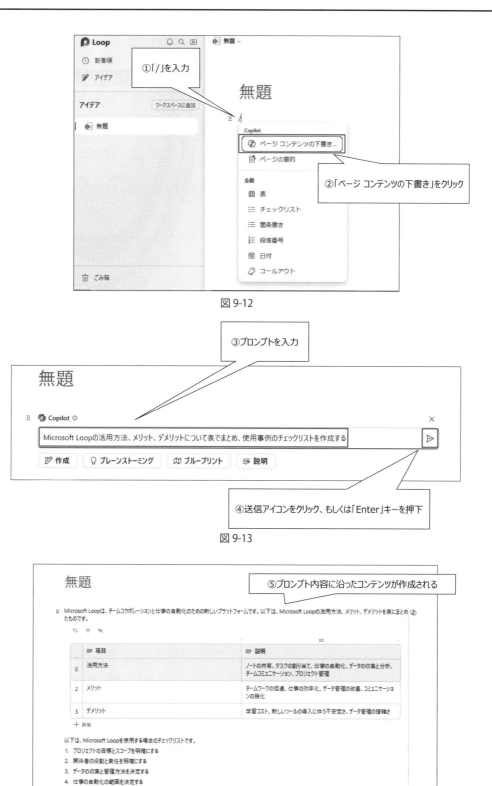

図 9-12

図 9-13

図 9-14

「作成」、「ブレーンストーミング」、「ブループリント」、「説明」をクリックすると、Copilotが提案するプロンプトが入力ボックス内に入力されます。

図 9-15

☐ **ページ内を要約する**

ページ内のコンテンツ内容を要約することができます。

ページ内にて「/」（半角スラッシュ）を入力するとドロップダウン メニューが表示されるので、「ページの要約」をクリックします。Copilotのプロンプト入力ボックスが表示されます。提案してほしいプロンプトを入力することで、自動的にコンテンツの下書きを作成してくれます。

コンテンツの作成時と同様に、事前に提案されたプロンプトを使用することもできます。

Copilotのメニュー内の「要約」をクリックすると、自動的にアイデアの内容が文章として生成されます。これにより、アイデア全体を議事録のようにまとめることが可能です。

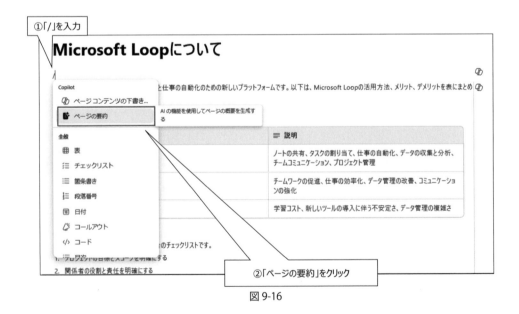

図 9-16

図 9-17

☐ **コンテンツ、ページの要約を書き換える**

作成したコンテンツや、ページの要約を編集したいときも、Copilot を活用することができます。ページ内の画面右端に表示される Copilot マークをクリックすると、入力ボックスが表示されるため、内容の追加、変更、削除など、編集したい内容をプロンプトとして入力することで、Copilot が自動的にコンテンツやページの要約の編集を行ってくれます。

図 9-18

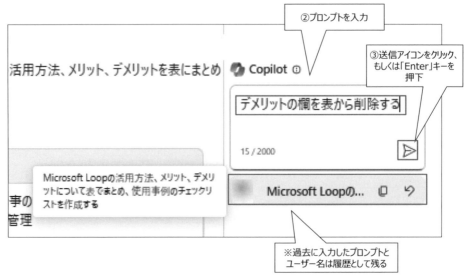

図 9-19

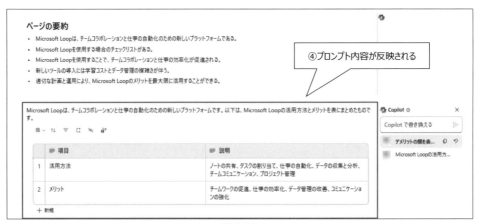

図 9-20

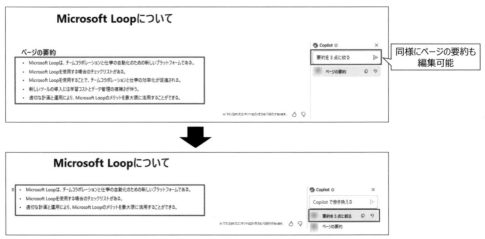

図 9-21

□ **アイデアの提案**

　Microsoft Whiteboardと同様に、提案してほしいプロンプトを入力することで、自動的にアイデアを提案してくれることも可能です。また、提案してほしい内容だけでなく、アイデアの数や、どういったアイデアを求めているのかなど、詳細に指定することで、それらに見合ったアイデアを考えてくれます。

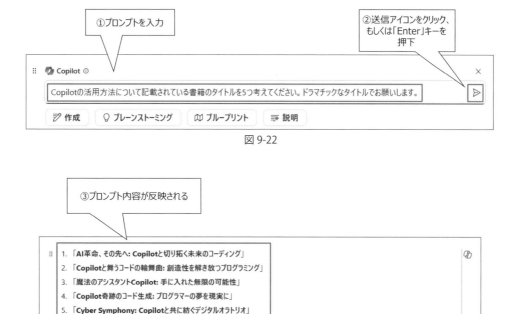

図 9-22

図 9-23

9-4 Copilot in Power Automate

> **9-4 Copilot in Power Automate**
>
> ■ Microsoft Power Automateの概要
> ■ Microsoft Power AutomateでのCopilot活用方法

スライド 9-4：Copilot in Power Automate

▍Microsoft Power Automate の概要

　Microsoft Power Automate は、日々のタスクを自動化するための Microsoft のサービスです。特定のトリガーに基づいてアクションを自動的に実行するフローを作成することで、メール通知の自動化や、データの自動収集と分析、タスクの自動化が可能となります。また、既存のテンプレートも用意されているため、テンプレートを元に独自のフローを簡単に作成することもできます。これにより、普段作業に費やしている時間を節約し、生産性を向上させることができます。

▍Microsoft Power Automate での Copilot 活用方法[※]

　Microsoft Power Automate にて Copilot を使用すると、フローをゼロから作成する際に、作成したいフローの詳細を文章で指示することで、Copilot が自動的に作成してくれます。また、フローについて疑問点などがあれば、Copilot へ質問することで、詳細情報の提供や、作成したフローの編集、改善の反映も行ってくれます。具体的な活用方法について以下で説明します。

※2024 年 5 月執筆時点ではプレビュー機能のため、運用環境での使用を想定しておらず、機能が制限されている可能性があります。

☐ **フローをゼロから作成する**

　Microsoft Power Automate を開き、ホーム画面に表示される「何か自動化しましょう。どのように作成しますか？」画面で、作成したいフローについて入力すると、Copilot にて自動的にフローを作成してくれます。

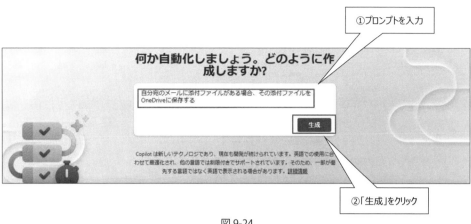

図 9-24

図 9-25

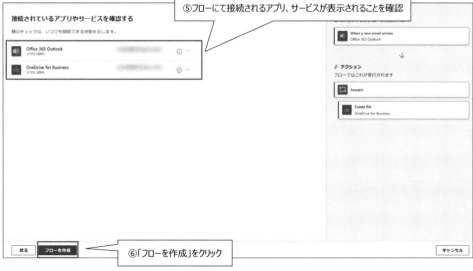

図 9-26

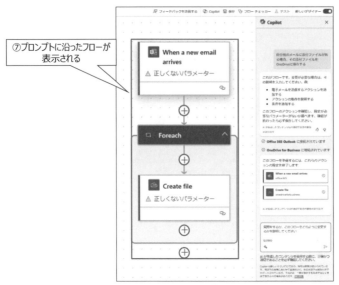

図 9-27

□ **フローを編集する**

　プロンプトにてフローの内容まで指示されていない場合、各アクションにてパラメーターのエラーが表示されます。その際、画面右側に表示される Copilot 入力ボックスにプロンプトを入力すると、Copilot からパラメーターの修正をすることもできます。また、アクションの追加、別のアクションへの置き換えも可能です。

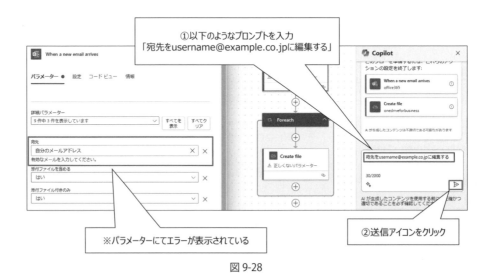

図 9-28

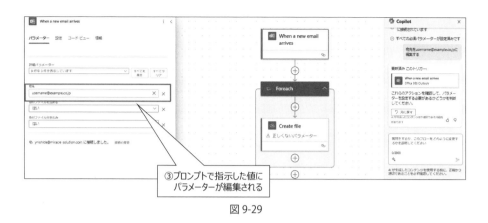

図 9-29

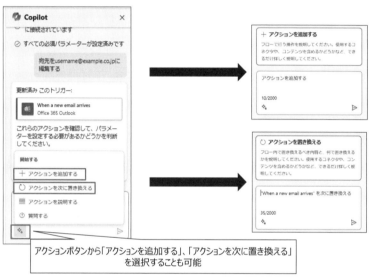

図 9-30

□ **フローやアクションの説明、質問する**

各アクションやフローについて確認したいとき、また Microsoft Power Automate について調べ物がしたい時なども、Copilot の入力ボックスにあるアクションボタンから確認することが可能です。各アクション内容についてどんな事ができるのか、フロー作成中に、現在どのようなフローとなっているのか確認したいときに活用できます。

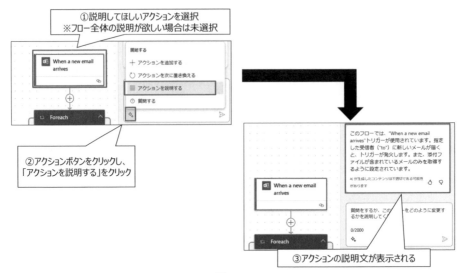

図 9-31

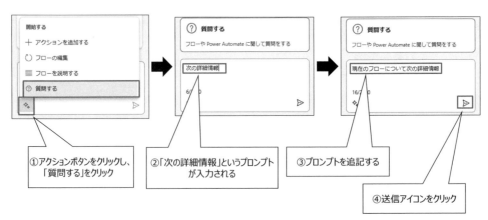

図 9-32

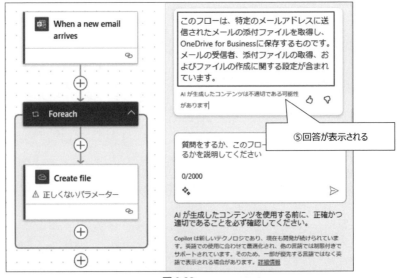

図 9-33

9-5 Copilot in Power Apps

9-5 Copilot in Power Apps

- **Microsoft Power Appsの概要**
- **Microsoft Power AppsでのCopilot活用方法**

スライド 9-5：Copilot in Power Apps

▍Microsoft Power Apps の概要

Microsoft Power Apps は、ローコード／ノーコードでビジネスアプリ開発ができるツールです。特別なプログラミングの知識がなくても、画面に表示されるボタンをクリック、ドラッグ＆ドロップすることで、自身でカスタムしたアプリケーションを作成できます。また、Excel や SharePoint などの普段使用しているデータをアプリに連携することも可能です。これらのアプリケーションは、データの収集、分析、共有を容易にし、ビジネスプロセスを効率化します。

▍Microsoft Power Apps での Copilot 活用方法[※]

Microsoft Power Automate と同様に、Microsoft Power Apps にて Copilot を使用すると、ゼロからアプリを作成する際に、作成したいアプリの詳細を文章で指示することで、Copilot が自動的にテーブルを作成してくれます。また、テーブルの編集、アプリ内の編集画面からも Copilot が利用可能です。具体的な活用方法について以下で説明します。

※2024 年 5 月執筆時点ではプレビュー機能のため、運用環境での使用を想定しておらず、機能が制限されている可能性があります。

□ **デーブルをゼロから作成、編集する**

Microsoft Power Apps を開き、ホーム画面に表示される「アプリをビルドしましょう。どのような機能が必要ですか？」画面で、作成したいアプリについて入力すると、Copilot にて自動的にデーブルを作成してくれます。

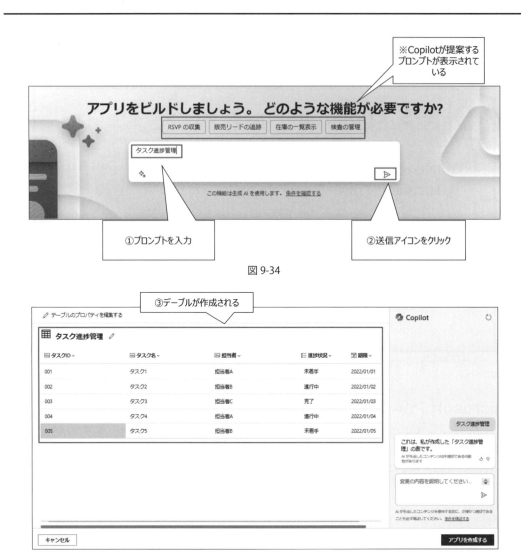

図 9-34

図 9-35

Copilot 入力ボックスからテーブルの編集も指示できます。

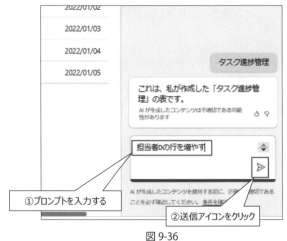

図 9-36

図 9-37

□ **アプリを編集する**

テーブル編集画面右下の「アプリを作成する」をクリックすると、アプリの編集画面に遷移します。アプリ編集画面でも、ボタンの追加やテーブルの変更などが可能です。

図 9-38

図 9-39

図 9-40

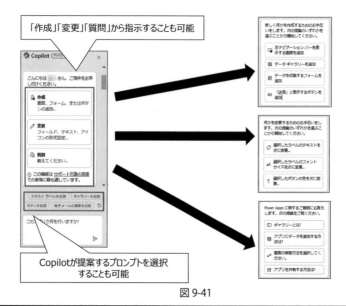

図 9-41

9-6　その他アプリケーションでの Copilot 関連演習

9-6　その他アプリケーションでのCopilot関連演習

演習内容
演習1　Microsoft Whiteboardにて付箋を作成、分類、要約する
演習2　Microsoft Loopにて下書きを作成し、ページを要約する
演習3　Microsoft Power Automateにてフローを作成する
演習4　Microsoft Power Appsにてアプリを作成する

スライド 9-6：その他アプリケーションでの Copilot 関連演習

演習 1　Microsoft Whiteboard で付箋を作成、分類、要約する

1. ブラウザで Microsoft Whiteboard にアクセスします。
   参考：Microsoft Whiteboard
   https://whiteboard.office.com/
2. ［新しいホワイトボード］をクリックします。
3. 画面下部に表示される Copilot ボタンをクリックし、［候補表示］をクリックします。
4. ［Copilot でコンテンツを提案する］画面にて、［Whiteboard を使用した業務効率化のアイデアを提案する］と入力し、送信アイコンをクリックします。
5. ［Copilot でコンテンツを提案する］画面にてアイデアが表示されていることを確認し、［(6)を挿入］をクリックします。
6. Whiteboard 上に付箋が6つ表示されることを確認します。
7. 6つの付箋を選択した状態で、画面下部に表示される Copilot ボタンをクリックし、［分類］をクリックします。
8. Whiteboard 上に表示される［選択したメモを分類しますか？］画面にて、［分類］をクリックします。
9. Whiteboard 上にて付箋が分類されるため、［保持する］をクリックします。
10. Whiteboard 上に付箋が表示されている状態で、画面下部に表示される Copilot ボタンをクリックし、［要約］をクリックします。
11. Whiteboard 上に要約されたコンポーネントが表示されるため、［保持する］をクリックします。

以上で、「Microsoft Whiteboard で付箋を作成、分類、要約する」演習は終了です。

演習 2　Microsoft Loop で下書きを作成し、ページを要約する

1. ブラウザで Microsoft Loop にアクセスします。
   参考：Microsoft Loop

https://loop.cloud.microsoft/
2. ［アイデア］タブ-［+］をクリックします。
3. 新規のページ上にて、本文入力欄にて［/］を入力し、［ページコンテンツの下書き］をクリックします。
4. Copilot の入力ボックスが表示されるため、［Loop の活用方法、メリット、デメリットについて表でまとめ、使用事例のチェックリストを作成する］と入力し、送信アイコンをクリックします。
5. ページ内にコンテンツが表示されたことを確認します。
6. ページ内の本文入力欄にて［/］を入力し、［ページの要約］をクリックします。
7. ページ内にページの要約が表示されることを確認します。

以上で、「Microsoft Loop で下書きを作成し、ページを要約する」演習は終了です。

演習3　Microsoft Power Automate でフローを作成する

1. ブラウザで Microsoft Power Automate にアクセスします。
   参考：Microsoft Power Automate | ホーム
   https://make.powerautomate.com/
2. ［ホーム］画面の、［何か自動化しましょう。どのように作成しますか？］下部に表示される入力ボックスにて、［受信メールに添付ファイルがある場合、添付ファイルを OneDrive に保存する］と入力し、［生成］をクリックします。
3. 提案されたフローが表示されるため、画面左下に表示される［次へ］をクリックします。
4. ［接続されるアプリやサービスを確認する］画面にて、［フローを作成］をクリックします。
5. フロー作成後、各アクションにて［正しくないパラメーター］というエラーが表示されている場合、該当アクションをクリックすると［パラメーター］タブが表示されるため、エラーの詳細に従ってパラメーターを追加、修正してください。
6. ［正しくないパラメーター］というエラーが表示されなくなると、画面右側の Copilot 欄に［このフローを保存する］が表示されるため、クリックします。
7. 画面右側の Copilot 欄に表示される［このフローをテストする］をクリックします。
8. ［フローのテスト］画面にて、［手動］を選択した状態で、［テスト］をクリックします。
9. 設定した任意のメールアドレス宛に添付ファイル付きのメールを送信し、テストを実施します。
10. テストが成功することを確認し、OneDrive にて任意のフォルダに添付ファイルが保存されていることを確認します。

以上で、「Microsoft Power Automate でフローを作成する」演習は終了です。

演習4　Microsoft Power Apps でアプリを作成する

1. ブラウザで Microsoft Power Apps にアクセスします。
   参考：Power Apps | ホーム
   https://make.powerapps.com/
2. ［ホーム］画面の、［アプリをビルドしましょう。どのような機能が必要ですか？］下部に表示される入力ボックスにて、［タスク進捗管理］と入力し、送信アイコンをクリックします。
3. アプリのテーブルが作成されるため、画面右下の［アプリを作成する］をクリックします。
4. アプリが表示されるため、画面上部のリボンに表示されている［上書き保存］右横にある下向き矢印をクリックし、［名前を付けて保存］をクリックします。
5. ［名前をつけて保存］画面にて、［test］と入力し、［保存］をクリックします。

以上で、「Microsoft Power Apps でアプリを作成する」演習は終了です。

Chapter 10
Copilot for Microsoft 365 の
ユースケース

Chapter 10　章の概要

 ## 章の概要

この章では、以下の項目を学習します

10-1　社内文書を検索して必要部分を抜粋する
10-2　作成したドキュメントの内容を校閲する
10-3　Teams会議をセッティングし、決定事項の共有を行う
10-4　提案書を作成し、文書からスライドを作成する
10-5　職務経歴書から面接の準備をする
10-6　財務データを分析、評価する

スライド10：章の概要

Memo

10-1　社内文書を検索して必要部分を抜粋する

> 10-1　社内文書を検索して
> 　　　必要部分を抜粋する
> ■Copilotで社内文書を検索する
> ■検索結果から必要な内容を要約する

スライド 10-1：社内文書を検索して必要部分を抜粋する

Copilot で社内文書を検索する

　Microsoft 365 を導入している企業では、社内文書を Microsoft Teams や SharePoint Online などのサービスで管理していることがあります。

　管理する文書が多くなるとその中から必要な情報を見つけることに時間がかかってしまいます。そこで、Copilot を使うことで、時間の短縮が可能になります。

　まずは、図 10-1 のように Microsoft 365 のトップページから Copilot を起動します。
参考：ホーム | Microsoft 365
https://www.microsoft365.com/

図 10-1

　ここでは、例として「休暇の取得」について記述された文書を探してみます。

次に以下のようなプロンプトを入力して結果を見てみます。

> □ プロンプト
> 「休暇の取得」についての情報が書かれたドキュメントを探してくれますか？

　Copilot は、図 10-2 のように関連した内容が書かれたドキュメントを抽出し、ファイルへのリンクを表示してくれます。

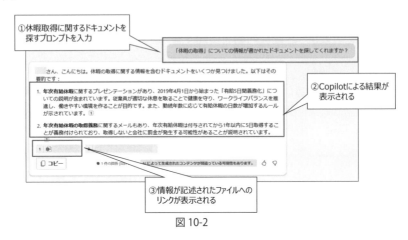

図 10-2

検索結果から必要な内容を要約する

続けて、検索結果から必要箇所の要約を依頼してみます。
次のようなプロンプトを入力します。

> □ プロンプト
> 検索したファイルから休暇の申請方法を抜粋して要約してください。

図 10-3 のように、要約した結果が表示されます。

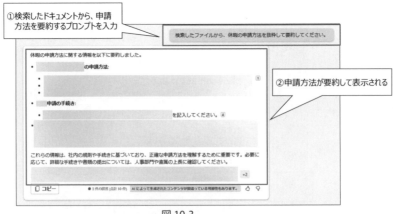

図 10-3

　このように、Copilot を利用することで必要な情報の検索が効率的に行えます。

10-2　作成したドキュメントの内容を校閲する

10-2　作成したドキュメントの内容を校閲する

■ドキュメントの要約を利用する
■作成したドキュメントの要約を依頼して内容をチェックする
■ドキュメントの改善点を提案してもらう

スライド 10-2：作成したドキュメントの内容を校閲する

ドキュメントの要約を利用する

　Copilot for Microsoft 365 は文書の要約を行うことができます。これは生成 AI が得意とする使い方のひとつです。

　作成したドキュメントが長文になると、読み返して確認する時間が発生します。
　そこで Copilot for Microsoft 365 の要約機能を使うことで、自分が作成した文書の内容の確認が容易になります。
　さらに、要約の結果を参考に文書を修正したり、不足している内容を追加したりすることで、文書のクオリティを上げることもできるでしょう。
　次の項目で、実際の操作画面を見ながら要約機能の具体的な利用例を見ていきましょう。

作成したドキュメントの要約を依頼して内容をチェックする

たとえば、書籍の発売を行う際に、図10-4のような告知を行うためのリリース文を作成したとします。

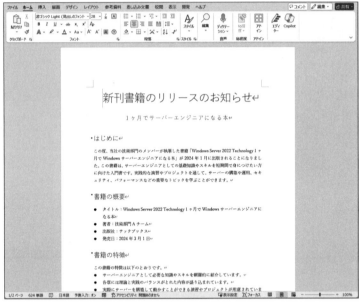

図10-4

この文書の内容を確認するために、図10-5のようにCopilotに要約を依頼してみましょう。

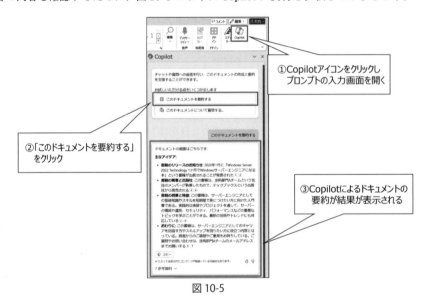

図10-5

要約された内容を確認してこの文書で伝えたい内容が含まれていない場合は、文書の修正を検討しましょう。

ドキュメントの改善点を提案してもらう

ドキュメントに修正を検討するべき箇所があるかを Copilot に評価してもらい、改善点を提案してもらうこともできます。

図 10-6 では、文書の内容に誤りや改善点があるかを下記のようなプロンプトで Copilot に評価してもらっています。

> **プロンプト**
> この文書で修正が必要な箇所、不足している内容、改善した方が良いと感じるところなどがあれば、指摘してください。

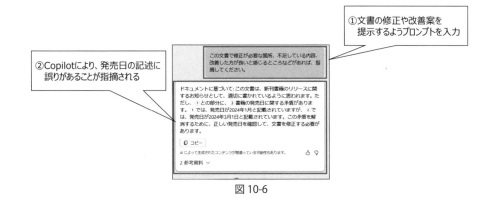

図 10-6

その結果、文書内の書籍の発売日に関する記述に誤りを指摘してもらい、修正を行うことができました。

このように、Copilot for Microsoft 365 の機能を使うことで、自分が作成した文書の内容の確認が容易になり、文書のクオリティを向上させることができます。

10-3　Teams会議をセッティングし、決定事項の共有を行う

スライド 10-3：Teams 会議をセッティングし、決定事項の共有を行う

▌メンバーが参加可能な会議の開催時間を提案してもらう

ここでは、Teams 会議を開催して参加メンバーに重要事項を共有する流れを見てみましょう。

図 10-7 のように Microsoft 365 のトップページから Copilot を起動します。

図 10-7

　図 10-8、図 10-9 のようにプロンプトに「/（スラッシュ記号）」を入力して会議に招集するメンバーを選び、開催日時の提案を依頼します。

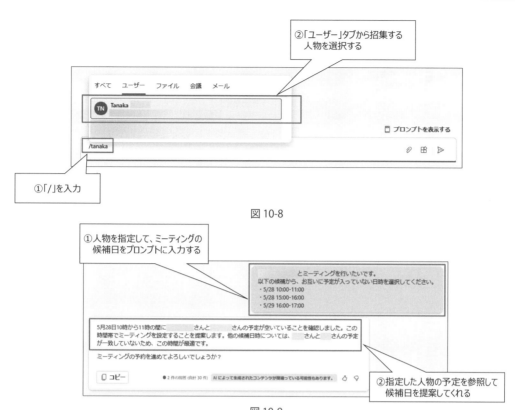

図 10-8

図 10-9

このように、会議のセッティングを Copilot に支援してもらうことができます。

2024 年 5 月時点では、会議の予約を Copilot に直接行ってもらうことはできないため、Outlook や Teams を使用した会議予約に関しては、手動で行う必要があります。

会議を行い、要約と To-Do をまとめて共有する

Teams 会議を開催してその会議でトランスクリプトを有効にすると、会議の終了後に要約と To-Do が自動で作成されます。

図 10-10 のように、会議の画面を開き、「まとめ」タブを開くことで確認ができます。

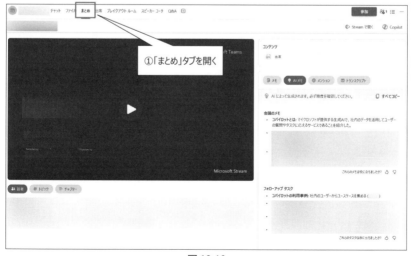

図 10-10

会議のまとめ画面の「AIメモ」から「すべてのコピー」をクリックすることで、Copilotが自動生成した会議の要約とTo-Doの一覧がクリップボードにコピーされます。
　コピーされた内容をOutlookのメール本文に貼り付けて送信すれば簡単にメンバーに共有できます。

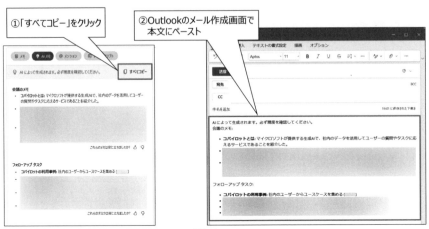

図 10-11

10-4　提案書を作成し、文書からスライドを作成する

スライド 10-4：提案書を作成し、文書からスライドを作成する

業務改善のための提案文書作成を支援してもらう

　ここでは、例としてテレワークの導入に関する提案文書の作成と、それを元にしたプレゼンテーションのためのスライド作成を Copilot に支援してもらう流れを見てみましょう。

　図 10-12 に示すように、[Alt キー] + [I キー] を押して Word の Copilot を起動し、提案文書の下書きを作成してもらいます。

図 10-12

次のようなプロンプトを入力したところ、図 10-13、図 10-14 のような下書きが作成されました。

> □ **プロンプト**
> テレワークの導入に関する提案書を作成するので、下書きを作成してください。
> 以下のようなアウトラインで作成してください。
> 1. イントロダクション
>   ・提案の目的と背景
> 2. 現状
>   ・現状の課題
> 3. 提案
>   ・提案の内容と効果
> 4. 実施計画と期待成果
>   ・実施ステップと期待される成果
> 5. 結論
>   ・提案の要点と次のアクション

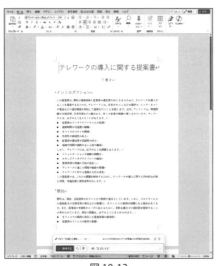

図 10-13

図 10-14

下書きを元に、「Chapter5 Copilot in Word」のテクニックも活用して提案文書を完成させ、Microsoft 365 の OneDrive 内に保存します。

提案文書から PowerPoint スライドを作成する

作成した提案文書を元に、Copilot に PowerPoint スライドの作成を支援してもらいましょう。ここでは、組織内で使用するスライドのテンプレートを用いて作成することにします。

テンプレートファイルを開いて PowerPoint を起動します。

図 10-15

次に、図 10-16 のようにプロンプト内で OneDrive に保存したファイルを指定してスライドの作成を依頼します。

プロンプトで「/(スラッシュ記号)」を入力すると、ファイルの指定ができます。

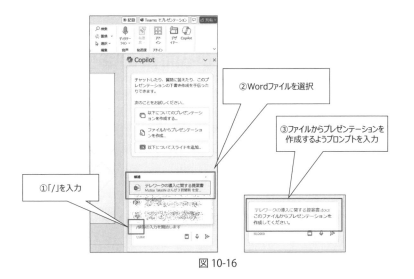

図 10-16

これにより、図 10-17 のようなプレゼンテーションが Copilot によって作成されました。このプレゼンテーションでは、スライドのほかスピーカーノートも作成されています。

図 10-17

このように、プレゼンテーション資料を作成するプロセスにおいて、Word を使った提案文書の作成から PowerPoint スライドの作成まで、Copilot に支援してもらうことで効率的な作業が可能となります。

10-5　職務経歴書から面接の準備をする

```
10-5　職務経歴書から面接の準備をする

■ 職務経歴書の内容を要約してもらう
■ 面接に備えて質問の例を提示してもらう
```

スライド 10-5：職務経歴書から面接の準備をする

職務経歴書の内容を要約してもらう

ここでは、人事担当が応募者との面接を行う準備を想定した Copilot 活用の一例を示します

応募者の情報として、PDF 形式で図 10-18 のような職務経歴書を受け取ったと想定します。

図 10-18

まずはこのファイルを組織の OneDrive にアップロードし、PDF ファイルを読み込めるようにします。次に、Microsoft 365 のトップページから Copilot を開きます。

図 10-19

　図 10-20、図 10-21 のようにプロンプトに「/(スラッシュ記号)」を入力してファイルを指定し、内容の要約を依頼します。

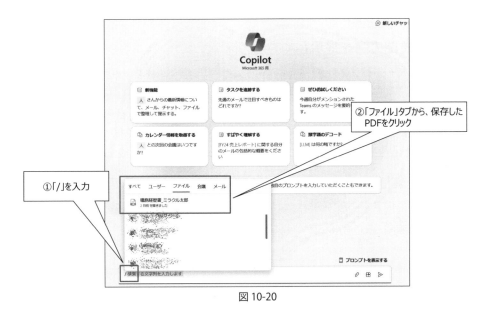

図 10-20

図 10-21

図 10-22 のとおり、職務経歴書の内容の要約を表示することができます。

図 10-22

面接に備えて質問の例を提示してもらう

ここでは、さらにいくつかのプロンプトを Copilot に入力して面接の準備を進めてみましょう。
次のようなプロンプトを入力して結果を確認してみます。

> □ プロンプト
> この方の強みはどこにあると思いますか？

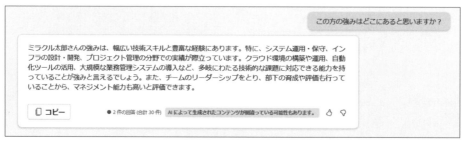

図 10-23

次に、面接で質問する内容の案をいくつか考えてもらいましょう。

> □ プロンプト
> この方と面接を行います。
> 面接の際に、この方に直接聞きたいことや質問事項の案を 10 個程度考えてもらえますか？

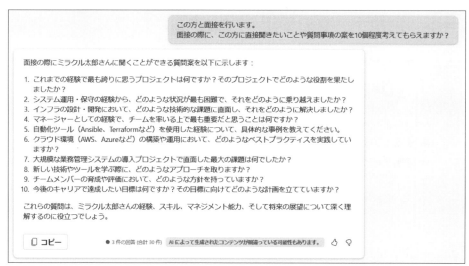

図 10-24

このように、Copilot を活用することで採用担当者は面接の準備を効率よく進めることができます。

10-6　財務データを分析、評価する

10-6　財務データを分析、評価する

- 過去10年間の財務データを要約する
- 財務データの評価を依頼する

スライド 10-6：財務データを分析、評価する

過去 10 年間の財務データを要約する

ここでは、Copilot を用いて過去 10 年間の財務データを分析し、財務状況を評価する流れを見ていきましょう。

図 10-25 のような過去 10 年分の損益計算書の Excel ファイルがあるとします。

年度	売上高	売上原価	売上純利益	一般管理費	営業利益	営業外費用	経常利益	特別利益	特別損失	税引前当期純利益	法人税等	当期純利益
2014年	5,000	3,000	2,000	500	1,500	100	1,400	0	0	1,400	560	840
2015年	5,200	3,100	2,100	520	1,580	120	1,460	0	0	1,460	584	876
2016年	5,500	3,300	2,200	550	1,650	150	1,500	0	0	1,500	600	900
2017年	5,800	3,400	2,400	580	1,820	180	1,640	0	0	1,640	656	984
2018年	6,000	3,600	2,400	600	1,800	200	1,600	0	0	1,600	640	960
2019年	6,300	3,800	2,500	630	1,870	220	1,650	0	0	1,650	660	990
2020年	4,500	3,400	1,100	660	440	300	140	0	200	-60	0	-60
2021年	5,000	3,500	1,500	600	900	200	700	0	0	700	280	420
2022年	5,500	3,600	1,900	620	1,280	180	1,100	0	0	1,100	440	660
2023年	6,000	3,800	2,200	650	1,550	160	1,390	0	0	1,390	556	834

※単位：百万円

図 10-25

まずは図 10-26 のようにシートの Word への貼り付けを行います。

図 10-26

次に、Copilot にこの損益計算書の要約を依頼してみましょう。

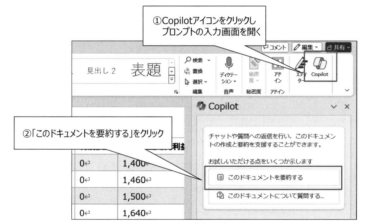

図 10-27

次のような要約が出力されます。

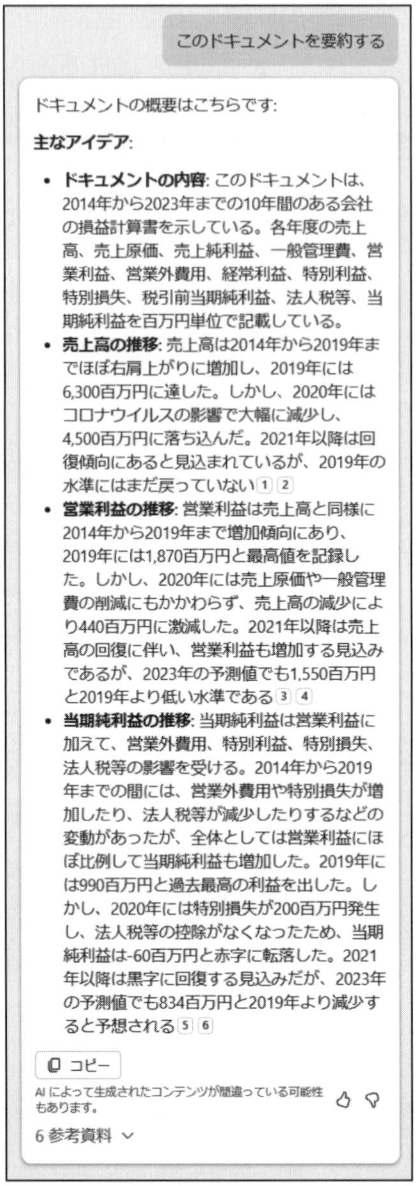

> このドキュメントを要約する
>
> ドキュメントの概要はこちらです:
>
> **主なアイデア:**
>
> - **ドキュメントの内容**: このドキュメントは、2014年から2023年までの10年間のある会社の損益計算書を示している。各年度の売上高、売上原価、売上純利益、一般管理費、営業利益、営業外費用、経常利益、特別利益、特別損失、税引前当期純利益、法人税等、当期純利益を百万円単位で記載している。
> - **売上高の推移**: 売上高は2014年から2019年までほぼ右肩上がりに増加し、2019年には6,300百万円に達した。しかし、2020年にはコロナウイルスの影響で大幅に減少し、4,500百万円に落ち込んだ。2021年以降は回復傾向にあると見込まれているが、2019年の水準にはまだ戻っていない [1] [2]
> - **営業利益の推移**: 営業利益は売上高と同様に2014年から2019年まで増加傾向にあり、2019年には1,870百万円と最高値を記録した。しかし、2020年には売上原価や一般管理費の削減にもかかわらず、売上高の減少により440百万円に激減した。2021年以降は売上高の回復に伴い、営業利益も増加する見込みであるが、2023年の予測値でも1,550百万円と2019年より低い水準である [3] [4]
> - **当期純利益の推移**: 当期純利益は営業利益に加えて、営業外費用、特別利益、特別損失、法人税等の影響を受ける。2014年から2019年までの間には、営業外費用や特別損失が増加したり、法人税等が減少したりするなどの変動があったが、全体としては営業利益にほぼ比例して当期純利益も増加した。2019年には990百万円と過去最高の利益を出した。しかし、2020年には特別損失が200百万円発生し、法人税等の控除がなくなったため、当期純利益は-60百万円と赤字に転落した。2021年以降は黒字に回復する見込みだが、2023年の予測値でも834百万円と2019年より減少すると予想される [5] [6]
>
> コピー
>
> AIによって生成されたコンテンツが間違っている可能性もあります。
>
> 6 参考資料 ⌄

図 10-28

財務データの評価を依頼する

続けて、Copilot に分析を依頼してみましょう。
次のようなプロンプトを入力して結果を確認してみます。

> □ プロンプト
> この会社の財務状況はどのように変化していますか？

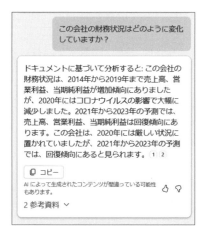

図 10-29

そのほか、次のようなプロンプトを入力してみます。

> □ プロンプト
> この会社の業績の良し悪しを評価してみてください

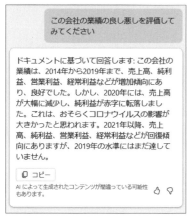

図 10-30

このように、Copilot を使い、財務データの分析や評価に役立てることができます。

Memo

Chapter 11
終わりに

Chapter 11　章の概要

 章の概要

この章では、以下の項目を学習します

11-1　Copilotの最新情報
11-2　終わりに

スライド 11：章の概要

Memo

11-1　Copilot の最新情報

```
11-1  Copilotの最新情報

■ Copilotの最新の更新プログラム
■ Copilot Lab
■ Microsoft Learn
```

スライド 11-1：Copilot の最新情報

Copilot の最新の更新プログラム

　Microsoft Copilot は常に進化しており、新機能やアップデートが定期的にリリースされているため、最新情報を常に把握することが重要です。最新の機能や使い方を学び、トライアンドエラーを繰り返すことで、プロンプトによる指示を出すコツを掴むことができ、より効率的に作業を進めることができるようになります。

　以下は、Copilot の最新情報について Microsoft が提供しているサイトです。月ごとに更新された Copilot の情報が掲載されているだけでなく、ユーザーからのフィードバックにもとづき改善された機能なども確認することができます。

参考：Microsoft Copilot の最新の更新プログラム
https://prod.support.services.microsoft.com/ja-jp/topic/microsoft-copilot-a5685141-8081-458c-80d6-42493aad51ed

Copilot Lab

　Copilot Lab は、AI の使い方を学ぶことができるサイトです。また、多様な場面にあった具体的なプロンプトが複数提供されているため、Copilot をより効果的に活用できるようになります。
　Copilot Lab のサイトを開き、図 11-1 のように気になるプロンプトをクリックすることで、プロンプトのコピーや、使いこなすためのヒントを確認することが可能です。

参考：Copilot Lab
https://copilot.cloud.microsoft/ja-JP/prompts

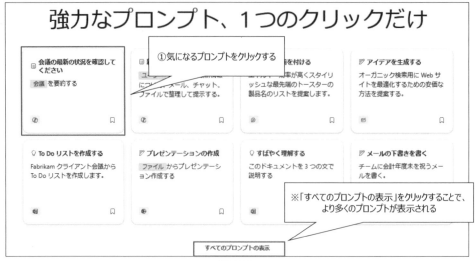

図 11-1

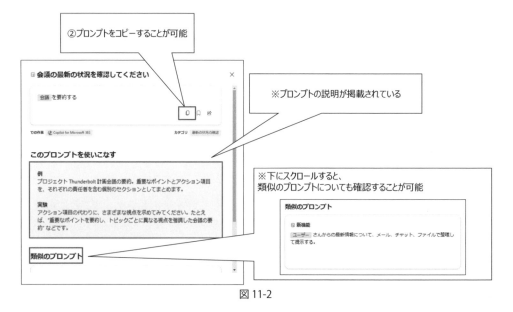

図 11-2

Microsoft Learn

　Microsoft Learn とは、Microsoft が提供している無料の学習プラットフォームです。Microsoft 製品について幅広く学ぶことができ、対話型のモジュールやラーニングパスを通じて、初心者から上級者までスキルを高めることができます。

　AI についてのカリキュラムも豊富で、生成 AI の基礎や、Microsoft Copilot について、自分のペースで学ぶことができます。

参考：トレーニング-Microsoft Learn
https://learn.microsoft.com/ja-jp/training/

11-2 終わりに

11-2 終わりに

■ Copilotの未来と可能性

スライド 11-2：管理終わりに

Copilot の未来と可能性

　AI は今後さらなる進化を遂げ、私たちの日常や仕事に多くの恩恵をもたらすことが期待されています。繰り返し作業や複雑なタスク処理を自動化することによって、業務効率を上げるだけでなく、AI を活用することによって新しいアイデアの発見、音楽、詩、絵画、小説などの創作活動のサポート、病気の早期検出や治療法の開発、エネルギー効率の向上や環境問題の解決など、人々の可能性を最大限に引き出し、より豊かな社会を築く手助けをしてくれることでしょう。

　生成 AI は、私たちの創造性と生産性を向上させるための強力なツールとして、日々進化しています。たとえば、Github Copilot のようなコーディングに適したツールを使用すれば、エンジニアでなくてもより迅速に高品質なコードを書ける時代を迎えています。そのほかにも、ブログ記事の執筆、プレゼンテーションの作成など、様々な文書作成タスクのサポート、広告やウェブデザインの作成、教育現場で Microsoft Copilot を利用することによるスキルを向上など、幅広い場面での「副操縦士」となってくれることが期待されています。

　今後も新たな機能やアップデートに期待し、Microsoft Copilot を活用して様々な課題に立ち向かっていきましょう！

Memo

Appendix I
参考資料

参考資料

- AI（人工知能）とは？基本情報や定義、データサイエンスとの違い・関係性を解説｜AGAROOT ACADEMY
  https://www.agaroot.jp/datascience/column/ai/
- AI（人工知能）の種類は？その分類・仕組みから、メリットや活用例も解説｜AI総合研究所
  https://www.ai-souken.com/article/ai-types-introduction
- AIの種類とは？汎用型・特化型・強いAI・弱いAIの違いやできることを解説｜RICOH
  https://promo.digital.ricoh.com/chatbot/column/detail103/
- 汎用人工知能（AGI）とは？現状や可能性、特化型との違い、研究事例を解説｜MonstarlabBlog
  https://monstar-lab.com/dx/technology/about-agi/#section-4
- AI（人工知能）とは？意味やビジネスの例も交えわかりやすく解説｜NEC
  https://www.nec-solutioninnovators.co.jp/sp/contents/column/20230526_ai.html
- 自然言語処理とは【ディープラーニングによる言語処理技術の応用】｜Gozonji
  https://www.realgate.co.jp/md/4011/
- AI（人工知能）の種類は？その分類・仕組みから、メリットや活用例も解説｜AI総合研究所
  https://www.ai-souken.com/article/ai-types-introduction
- セマンティック分析：意味解析とは何か、どのように機能するか、そしてその例｜QuestionPro
  https://www.questionpro.com/blog/ja/%E3%82%BB%E3%83%9E%E3%83%B3%E3%83%86%E3%82%A3%E3%83%83%E3%82%AF%E5%88%86%E6%9E%90%EF%BC%9A%E6%84%8F%E5%91%B3%E8%A7%A3%E6%9E%90%E3%81%A8%E3%81%AF%E4%BD%95%E3%81%8B%E3%80%81%E3%81%A9%E3%81%AE%E3%82%88/
- 自然言語処理のステップ③：「構文解析」とは？｜AILearn
  http://ailearn.biz/learn/20200920883
- 形態素解析とは何か？使われている分野や仕組みなどをわかりやすく解説！！｜Webpia
  https://webpia.jp/morphological-analysis/
- 大規模言語モデル（LLM）とは？仕組みや種類一覧、活用サービス、課題を紹介｜AI Journal
  https://www.skillupai.com/blog/tech/about-llm/#no6
- 大規模言語モデル（LLM）とは？仕組みや種類・用途など｜株式会社日立ソリューションズ・クリエイト
  https://www.hitachi-solutions-create.co.jp/column/technology/llm.html#h2-3
- 大規模言語モデル（LLM：Large Language Model）とは？｜＠IT
  https://atmarkit.itmedia.co.jp/ait/articles/2303/13/news013.html
- ファインチューニング（Fine-tuning：微調整）とは？｜＠IT
  https://atmarkit.itmedia.co.jp/ait/articles/2301/26/news019.html
- LLM（大規模言語モデル）とは？生成AIとの違いや仕組みを解説｜NECソリューションイノベータ
  https://www.nec-solutioninnovators.co.jp/sp/contents/column/20240229_llm.html
- Microsoft 365 Copilotを発表 – 仕事の副操縦士 – News Center Japan
  https://news.microsoft.com/ja-jp/2023/03/17/230317-introducing-microsoft-365-copilot-your-copilot-for-work/
- マイクロソフトの「コパイロット」とはなにか　OpenAIとの依存と共生【西田宗千佳のイマトミライ】-Impress Watch
  https://www.watch.impress.co.jp/docs/series/nishida/1549828.html
- ChatGPTとMicrosoft Copilot: 違いは何ですか？ – Microsoftサポート
  https://support.microsoft.com/ja-jp/topic/chatgpt%E3%81%A8-microsoft-copilot-%E9%81%95%E3%81%84%E3%81%AF%E4%BD%95%E3%81%A7%E3%81%99%E3%81%8B-8fdec864-72b1-46e1-afcb-8c12280d712f
- MicrosoftのCopilotは何ができる？ChatGPTとの違いを詳しく解説｜ライフハッカー・ジャパン
  https://www.lifehacker.jp/article/2312what-is-microsoft-copilot/

- マイクロソフトと OpenAI がパートナーシップを拡大 – News Center Japan
  https://news.microsoft.com/ja-jp/2023/01/25/230125-microsoftandopenaiextendpartnership/
- ChatGPT とは？ Azure OpenAI Service との違いも分かりやすく解説｜ビジネスブログ｜ソフトバンク
  https://www.softbank.jp/biz/blog/business/articles/202305/chatgpt-business-azureopenai/
- 対話型 AI「ChatGPT」の特徴は？ Google や Microsoft の参入で大混戦｜日経クロステック（xTECH）
  https://xtech.nikkei.com/atcl/nxt/column/18/02554/082800001/
- Microsoft、AI による新たな検索「Bing」発表「ChatGPT より有能」– Impress Watch
  https://www.watch.impress.co.jp/docs/news/1476776.html
- Microsoft 365 Copilot をリリース – 仕事の新たな形を創造 – Windows Blog for Japan
  https://blogs.windows.com/japan/2023/03/28/introducing-microsoft-365-copilot-a-whole-new-way-to-work/
- ついに発表された Microsoft 365 Copilot。日本での価格やリリース時期は？｜NEC ネッツエスアイ
  https://symphonict.nesic.co.jp/workingstyle/microsoft365/copilot/
- Windows の Copilot へようこそ – Microsoft サポート
  https://support.microsoft.com/ja-jp/windows/windows-%E3%81%AE-copilot-%E3%81%B8%E3%82%88%E3%81%86%E3%81%93%E3%81%9D-675708af-8c16-4675-afeb-85a5a476ccb0
- Microsoft、新 AI アシスタント搭載「Windows Copilot」を発表
  https://aismiley.co.jp/ai_news/microsoft-windows-copilot/
- 企業向け AI チャット「Microsoft Bing Chat Enterprise」の実力：日経クロステック Active
  https://active.nikkeibp.co.jp/atcl/act/19/00390/091100059/#:~:text=%E7%B1%B3Microsoft%EF%BC%88%E3%83%9E%E3%82%A4%E3%82%AF%E3%83%AD%E3%82%BD%E3%83%95%E3%83%88%EF%BC%89%E3%81%8C2023,%E6%A9%9F%E8%83%BD%E3%81%8C%E5%82%99%E3%82%8F%E3%81%A3%E3%81%A6%E3%81%84%E3%82%8B%E3%80%82
- AI のさらなる推進 – Bing Chat Enterprise と Microsoft 365 Copilot の価格を発表 – News Center Japan
  https://news.microsoft.com/ja-jp/2023/07/19/230719-furthering-our-ai-ambitions-announcing-bing-chat-enterprise-and-microsoft-365-copilot-pricing/
- 商用データ保護を備えた Copilot（旧称：Bing Chat Enterprise）試しに使ってみた｜お役立ちブログ｜Windows10・Windows11／Microsoft に関するお役立ち情報｜企業の情報セキュリティ対策・IT システム運用の JBS　JB サービス株式会社 JB サービス株式会社
  https://www.jbsvc.co.jp/useful/windows10/what-is-bing-chat-enterprise.html#:~:text=Bing%20Chat%20Enterprise%E3%81%A8%E3%81%AF,%E8%AA%BF%E6%9F%BB%E3%81%AA%E3%81%81%E3%82%92%E8%A1%8C%E3%81%84%E3%81%BE%E3%81%99%E3%80%82
- Microsoft Copilot for Microsoft 365 – 機能とプラン｜Microsoft 365
  https://www.microsoft.com/ja-jp/microsoft-365/microsoft-copilot#tabs-pill-bar-oc498c_tab1
- Copilot for Microsoft 365 – 一般法人向けプラン｜Microsoft 365
  https://www.microsoft.com/ja-jp/microsoft-365/business/copilot-for-microsoft-365#FAQ
- Copilot の個人向け有料プラン「Copilot Pro」を契約するメリットは？：極める！Copilot in Windows - ITmedia PC USER
  https://www.itmedia.co.jp/pcuser/articles/2404/30/news113.html
- Copilot Pro プラン & 価格 – プレミアム AI 機能と GPT-4 & GPT-4 Turbo｜Microsoft Store
  https://www.microsoft.com/ja-jp/store/b/copilotpro
- 「Copilot GPT Builder」登場！知識や機能をカスタマイズして "自分専用 Copilot GPT" を作る【イニシャル B】– INTERNET Watch
  https://internet.watch.impress.co.jp/docs/column/shimizu/1576277.html
- Microsoft Copilot GPT Builder の概要 – Microsoft サポート
  https://prod.support.services.microsoft.com/ja-jp/topic/microsoft-copilot-gpt-builder-%E3%81%AE%E6%A6%82%E8%A6%81-65499971-a502-4a96-a5c3-265cb59c012d
- 【これさえ見れば分かる】Microsoft の一押し AI『Copilot Pro』は本当に使えるのか？《実際に課金して検証してみた。結論は、、、》｜チャエン｜重要 AI ニュースを毎日発信

- https://note.com/chaen_channel/n/n23ae489174d4
- ❏ Microsoft、Teams のバンドル販売を停止　Microsoft 365 から分離 – Impress Watch
  https://www.watch.impress.co.jp/docs/news/1581000.html
- ❏ Copilot のプライバシーと保護 | Microsoft Learn
  https://learn.microsoft.com/ja-jp/copilot/privacy-and-protections
- ❏ Windows で Copilot を管理する – Windows Client Management | Microsoft Learn
  https://learn.microsoft.com/ja-jp/windows/client-management/manage-windows-copilot
- ❏ Microsoft アカウントと職場または学校アカウントの違いは何ですか？– Microsoft サポート
  https://support.microsoft.com/ja-jp/account-billing/microsoft-%E3%82%A2%E3%82%AB%E3%82%A6%E3%83%B3%E3%83%88%E3%81%A8%E8%81%B7%E5%A0%B4%E3%81%BE%E3%81%9F%E3%81%AF%E5%AD%A6%E6%A0%A1%E3%82%A2%E3%82%AB%E3%82%A6%E3%83%B3%E3%83%88%E3%81%AE%E9%81%95%E3%81%84%E3%81%AF%E4%BD%95%E3%81%A7%E3%81%99%E3%81%8B-72f10e1e-cab8-4950-a8da-7c45339575b0
- ❏ プロンプトエンジニアリングとは？　ChatGPT で代表的な 12 個のプロンプト例や作成のコツも解説 – DX コラム – 株式会社エクサウィザーズ
  https://exawizards.com/column/article/chatgpt/prompt-engineering/
- ❏ OCR（文字認識）とは？ | わかりやすく説明 | 基本の【き】 | 自動認識の【じ】 | 自動認識を"みじか"にするメディア
  https://imagers.co.jp/contents/1025/
- ❏ Azure OpenAI を使用したプロンプト エンジニアリング手法 – Azure OpenAI Service | Microsoft Learn
  https://learn.microsoft.com/ja-jp/azure/ai-services/openai/concepts/advanced-prompt-engineering?pivots=programming-language-chat-completions
- ❏ 無料の AI 画像ジェネレーター、Microsoft Designer のテキストから画像へのアプリ | Microsoft Create
  https://create.microsoft.com/ja-jp/features/ai-image-generator
- ❏ Windows 11 で Copilot プラグインを有効にして使用する方法 – Net Ticket
  https://www.tazkranet.com/ja/enable-copilot-plugins-windows-11/
- ❏ Microsoft Copilot は改善を続けており、3 つの新しい人気プラグインが追加されました。ここでは、それらのプラグインの内容と使用方法について説明します。
  https://www.msn.com/en-us/money/other/microsoft-copilot-continues-to-improve-gaining-3-new-popular-plugins-heres-what-they-are-and-how-to-use-them/ar-BB1j8acn
- ❏ Windows 11 で Copilot プラグインを使い始める方法 – Gamingdeputy Japan
  https://www.gamingdeputy.com/jp/how-tos/windows-11-%e3%81%a7-copilot-%e3%83%97%e3%83%a9%e3%82%b0%e3%82%a4%e3%83%b3%e3%82%92%e4%bd%bf%e3%81%84%e5%a7%8b%e3%82%81%e3%82%8b%e6%96%b9%e6%b3%95/
- ❏ プロンプトエンジニアリングの基本と応用 | DOORS DX
  https://www.brainpad.co.jp/doors/contents/01_tech_2023-12-19-153000/
- ❏ LLM のプロンプト技術まとめ #ChatGPT – Qiita
  https://qiita.com/fuyu_quant/items/157086987bd1b4e52e80
- ❏ Chain-of-Thought プロンプティング | Prompt Engineering Guide
  https://www.promptingguide.ai/jp/techniques/cot
- ❏ ChatGPT のプロンプトエンジニアリングとは | 7 つのプロンプト例や記述のコツを紹介 | スキルアップ AI Journal
  https://www.skillupai.com/blog/ai-knowledge/chatgpt-prompt-engineering/
- ❏ Role Prompting | Learn Prompt Engineering
  https://promptdev.ai/ja/docs/basics/roles
- ❏ Prompt Engineering Guide（翻訳）～私が AI と向き合うための一歩目～ #ChatGPT – Qiita
  https://qiita.com/taisei-13046/items/921af8468ac1ce6cb049
- ❏【GPT-4】役立つ！基本的なプロンプト技を紹介｜ AKIRA
  https://note.com/akira570/n/n0017881a87a9

- 【例文付き】Few-shot プロンプティングとは？| PROMPTY
  https://bocek.co.jp/media/exercise/prompt-engineer-exercise/3087/
- タスクに応じてロールプレイさせると ChatGPT など LLM の推論能力は普遍的に向上する | AIDB
  https://ai-data-base.com/archives/54536
- Copilot for Microsoft365 とは？Teams で使うメリットや使い方を解説！
  https://www.cloud-for-all.com/m365/blog/what-is-copilot-for-microsoft365#toc-1
- 【Copilot Pro】無料版との違いや料金・登録方法などを解説 – ろぼいんブログ
  https://roboin.io/article/2024/01/20/copilot-pro-feature-comparison-pricing-usage/#copilot-pro%E3%81%AE%E6%96%99%E9%87%91
- Microsoft Copilot for Microsoft 365 の概要 | Microsoft Learn
  https://learn.microsoft.com/ja-jp/copilot/microsoft-365/microsoft-365-copilot-overview
- MS、「Copilot for Microsoft 365」に「GPT-4 Turbo」優先アクセス – チャット回数も無制限に – ZDNET Japan
  https://japan.zdnet.com/article/35217257/
- Copilot プロンプトの詳細 – Microsoft サポート
  https://support.microsoft.com/ja-jp/topic/copilot-%E3%83%97%E3%83%AD%E3%83%B3%E3%83%97%E3%83%88%E3%81%AE%E8%A9%B3%E7%B4%B0-f6c3b467-f07c-4db1-ae54-ffac96184dd5
- 最適なプロンプトを共有する – Microsoft サポート
  https://support.microsoft.com/ja-jp/topic/%E6%9C%80%E9%81%A9%E3%81%AA%E3%83%97%E3%83%AD%E3%83%B3%E3%83%97%E3%83%88%E3%82%92%E5%85%B1%E6%9C%89%E3%81%99%E3%82%8B-75402b14-b419-494d-9e58-1709b4f334a2
- Copilot プロンプトでより良い結果を得る – Microsoft サポート
  https://support.microsoft.com/ja-jp/topic/copilot-%E3%83%97%E3%83%AD%E3%83%B3%E3%83%97%E3%83%88%E3%81%A7%E3%82%88%E3%82%8A%E8%89%AF%E3%81%84%E7%B5%90%E6%9E%9C%E3%82%92%E5%BE%97%E3%82%8B-77251d6c-e162-479d-b398-9e46cf73da55
- MC851615-(Updated) Compose in the Microsoft Edge sidebar is being retired | cloudscout.one
  https://app.cloudscout.one/evergreen-item/mc851615/
- Microsoft Copilot | Microsoft AI
  https://www.microsoft.com/ja-jp/microsoft-copilot?msockid=3eb389ab55b566b71b9098cb54e867d3
- Copilot Pro プラン & 価格 – プレミアム AI 機能と GPT-4 Turbo | Microsoft Store
  https://www.microsoft.com/ja-jp/store/b/copilotpro?msockid=3eb389ab55b566b71b9098cb54e867d3
- Microsoft Copilot for Microsoft 365 – 機能とプラン | Microsoft 365
  https://www.microsoft.com/ja-jp/microsoft-365/microsoft-copilot?msockid=3eb389ab55b566b71b9098cb54e867d3
- Microsoft Copilot in Azure の概要 | Microsoft Learn
  https://learn.microsoft.com/ja-jp/azure/copilot/overview
- Windows の Copilot へようこそ | Microsoft サポート
  https://support.microsoft.com/ja-jp/windows/windows-%E3%81%AE-copilot-%E3%81%B8%E3%82%88%E3%81%86%E3%81%93%E3%81%9D-675708af-8c16-4675-afeb-85a5a476ccb0
- Microsoft Search – Intelligent search for the modern workplace
  https://www.microsoft.com/microsoft-search/connectors/
- マイクロソフト、お客様向けの Copilot Copyright Commitment を発表
  https://news.microsoft.com/ja-jp/2023/09/12/230912-copilot-copyright-commitment-ai-legal-concerns/
- Teams の Web 会議で Copilot を使ってみました。

https://yjk365.jp/jirei/teams_copilot/
- Microsoft Teams での Copilot 会議を開始する
  https://support.microsoft.com/ja-jp/office/microsoft-teams-%E3%81%A7%E3%81%AE-copilot-%E4%BC%9A%E8%AD%B0%E3%82%92%E9%96%8B%E5%A7%8B%E3%81%99%E3%82%8B-0bf9dd3c-96f7-44e2-8bb8-790bedf066b1#:~:text=%E4%BC%9A%E8%AD%B0%E4%B8%AD,%E3%82%A2%E3%82%A4%E3%83%86%E3%83%A0%E3%82%92%E6%8F%90%E6%A1%88%E3%81%A7%E3%81%8D%E3%81%BE%E3%81%99%E3%80%82
- 今さら聞けない「Microsoft Teams」とは？メリットを徹底解説！| SB テクノロジー（SBT）
  https://www.softbanktech.co.jp/special/blog/sbt_sbt/2020/0005/
- ハイブリッド作業とは 定義とヒント | Microsoft Teams
  https://www.microsoft.com/ja-jp/microsoft-teams/hybrid-work-from-home
- Microsoft Teams Premium: スマートな職場環境はスマートな投資でもある | Microsoft 365 ブログ
  https://www.microsoft.com/en-us/microsoft-365/blog/2023/10/18/microsoft-teams-premium-the-smart-place-to-work-is-also-a-smart-investment/
- Work Trend Index | Will AI Fix Work?
  https://www.microsoft.com/en-us/worklab/work-trend-index/will-ai-fix-work
- Introducing the Microsoft 365 Copilot Early Access Program and 2023 Microsoft Work Trend Index -The Official Microsoft Blog
  https://blogs.microsoft.com/blog/2023/05/09/introducing-the-microsoft-365-copilot-early-access-program-and-2023-microsoft-work-trend-index/
- Great Expectations: Making Hybrid Work Work
  https://www.microsoft.com/en-us/worklab/work-trend-index/great-expectations-making-hybrid-work-work
- 社内外会議に関する企業の実態調査 | TDB 景気動向オンライン
  https://www.tdb-di.com/special-planning-survey/sp20230425.php
- 【Work Trend Index】Microsoft、進化する AI が仕事や業務に与えるインパクトの調査を報告 | Reinforz Insight
  https://reinforz.co.jp/bizmedia/6359/
- Microsoft Teams のチャネルについて最初に知っておくべきこと - Microsoft サポート
  https://support.microsoft.com/ja-jp/office/microsoft-teams-%E3%81%AE%E3%83%81%E3%83%A3%E3%83%8D%E3%83%AB%E3%81%AB%E3%81%A4%E3%81%84%E3%81%A6%E6%9C%80%E5%88%9D%E3%81%AB%E7%9F%A5%E3%81%A3%E3%81%A6%E3%81%8A%E3%81%8F%E3%81%B9%E3%81%8D%E3%81%93%E3%81%A8-8e7b8f6f-0f0d-41c2-9883-3dc0bd5d4cda
- Microsoft Teams Rooms、Fluid、Microsoft Viva の新しいハイブリッドワーク イノベーション - News Center Japan
  https://news.microsoft.com/ja-jp/2021/06/18/210618-new-hybrid-work-innovations-in-microsoft-teams-rooms-fluid-and-microsoft-viva/
- Viva Goals で Copilot を使用して、目標を作成、集計、理解する - Microsoft サポート
  https://support.microsoft.com/ja-jp/topic/viva-goals%E3%81%A7-copilot-%E3%82%92%E4%BD%BF%E7%94%A8%E3%81%97%E3%81%A6-%E7%9B%AE%E6%A8%99%E3%82%92%E4%BD%9C%E6%88%90-%E9%9B%86%E8%A8%88-%E7%90%86%E8%A7%A3%E3%81%99%E3%82%8B-11bf3612-669c-49b1-99f4-93b942ba5099
- チームと会社のゴールを設定する - ビジネスのゴールを設定する | Microsoft Viva
  https://www.microsoft.com/ja-jp/microsoft-viva/goals#tabs-pill-bar-oc2116_tab1
- OKR とは？意味や KPI との違い、具体例、企業事例などを解説 | NEC ソリューションイノベータ
  https://www.nec-solutioninnovators.co.jp/sp/contents/column/20230310_okr.html
- OKR（目標と主要な結果）とは何ですか？| Microsoft Viva
  https://www.microsoft.com/en-us/microsoft-viva/what-is-okr-objective-key-results
- Office の Copilot を利用する「Word 編」（1）

❏ https://swri.jp/article/1401
❏ Office の Copilot を利用する「Word 編」（2）
https://swri.jp/article/1402
❏ Microsoft 365 Copilot でワードをもっと便利に！最新機能を徹底解説
https://pdf.wondershare.jp/pdf-ai/word-microsoft-365-copilot.html
❏ Copilot × Word で業務効率 UP！使い方や要約の方法を解説します
https://bolt-dev.net/posts/9798/
❏ Word の翻訳機能がいつの間にか高精度に！AI 文字起こし＋Word 翻訳は現状最高の組み合わせ
https://pc.watch.impress.co.jp/docs/topic/feature/1558595.html
❏ Word 内の文章のトーンを変える -『できる Copilot in Windows』動画解説
https://dekiru.net/article/25261/
❏ PowerPoint の Copilot を使用して新しいプレゼンテーションを作成する
https://support.microsoft.com/ja-jp/office/powerpoint-%E3%81%AE-copilot-%E3%82%92%E4%B
D%BF%E7%94%A8%E3%81%97%E3%81%A6%E6%96%B0%E3%81%97%E3%81%84%E3%8
3%97%E3%83%AC%E3%82%BC%E3%83%B3%E3%83%86%E3%83%BC%E3%82%B7%E3%
83%A7%E3%83%B3%E3%82%92%E4%BD%9C%E6%88%90%E3%81%99%E3%82%8B-
3222ee03-f5a4-4d27-8642-9c387ab4854d
❏ PowerPoint での Copilot インスピレーションを見事でプロフェッショナルなプレゼンテーションに変える
https://copilot.cloud.microsoft/ja-jp/copilot-powerpoint
❏ PowerPoint の Copilot を使用してプレゼンテーションを要約する
https://support.microsoft.com/ja-jp/office/powerpoint-%E3%81%AE-copilot-%E3%82%92%E4%B
D%BF%E7%94%A8%E3%81%97%E3%81%A6%E3%83%97%E3%83%AC%E3%82%BC%E3%
83%B3%E3%83%86%E3%83%BC%E3%82%B7%E3%83%A7%E3%83%B3%E3%82%92%E8%
A6%81%E7%B4%84%E3%81%99%E3%82%8B-499e604c-4ab9-4f6a-9dbe-691cc87f2f69
❏ Word や Excel を AI で自動処理可能に。「Copilot Pro」はこうやって使えばいい！
https://pc.watch.impress.co.jp/docs/topic/feature/1562014.html#c03
❏【Copilot for Microsoft 365】Copilot なら Excel マクロも怖くない！ササッと生成｜窓の杜
https://forest.watch.impress.co.jp/docs/serial/offitech/1583981.html
❏ Excel の Copilot の使用を開始する｜Microsoft サポート
https://support.microsoft.com/ja-jp/office/excel-%E3%81%AE-copilot-%E3%81%AE-%E4%BD%BF
%E7%94%A8%E3%82%92%E9%96%8B%E5%A7%8B%E3%81%99%E3%82%8B-d7110502-
0334-4b4f-a175-a73abdfc118a
❏ Outlook の Copilot のヘルプとラーニング｜cloud.microsoft
https://copilot.cloud.microsoft/ja-jp/copilot-outlook
❏ Outlook の Copilot へようこそ｜Microsoft サポート
https://support.microsoft.com/en-us/office/welcome-to-copilot-in-outlook-52e22c92-04f4-48ec-
89bf-72c4fb9ce26a
❏ Microsoft Whiteboard
https://www.microsoft.com/ja-jp/microsoft-365/microsoft-whiteboard/digital-whiteboard-app
❏ Whiteboard の Copilot に関してよく寄せられる質問
https://support.microsoft.com/ja-jp/topic/whiteboard-%E3%81%AE-copilot-%E3%81%AB%E9%96
%A2%E3%81%97%E3%81%A6%E3%82%88%E3%81%8F%E5%AF%84%E3%81%9B%E3%82
%89%E3%82%8C%E3%82%8B%E8%B3%AA%E5%95%8F-cbe05878-d68d-4d9d-83c1-
5b47d6b76792
❏ Whiteboard の Copilot
https://copilot.cloud.microsoft/ja-jp/copilot-whiteboard
❏ Copilot for Microsoft 365 を使用して Whiteboard でアイデアを要約する
https://support.microsoft.com/ja-jp/office/copilot-for-microsoft-365-%E3%82%92%E4%BD%BF%E
7%94%A8%E3%81%97%E3%81%A6-whiteboard-%E3%81%A7%E3%82%A2%E3%82%A4%E3

- %83%87%E3%82%A2%E3%82%92%E8%A6%81%E7%B4%84%E3%81%99%E3%82%8B-eb7f9b66-64f2-4050-b213-06d5da90735b
- Whiteboard の Copilot へようこそ
  https://support.microsoft.com/ja-jp/office/whiteboard-%E3%81%AE-copilot-%E3%81%B8%E3%82%88%E3%81%86%E3%81%93%E3%81%9D-17e8cddb-9bae-4813-bd2b-a9f108b0b43e
- Loop での Copilot for Microsoft 365 の概要
  https://support.microsoft.com/ja-jp/office/loop-%E3%81%A7%E3%81%AE-copilot-for-microsoft-365-%E3%81%AE%E6%A6%82%E8%A6%81-966eb1a2-b5ec-4532-8a9d-f1aaeda7f90e
- Loop の Copilot for Microsoft 365 を使用してページを要約する
  https://support.microsoft.com/ja-jp/office/loop-%E3%81%AE-copilot-for-microsoft-365-%E3%82%92%E4%BD%BF%E7%94%A8%E3%81%97%E3%81%A6%E3%83%9A%E3%83%BC%E3%82%B8%E3%82%92%E8%A6%81%E7%B4%84%E3%81%99%E3%82%8B-5e2c071f-c734-4798-a7a5-2c9d8fa648d1
- Loop の Copilot for Microsoft 365 を使用して Loop 内の変更を要約する
  https://support.microsoft.com/ja-jp/office/loop-%E3%81%AE-copilot-for-microsoft-365-%E3%82%92%E4%BD%BF%E7%94%A8%E3%81%97%E3%81%A6-loop-%E5%86%85%E3%81%AE%E5%A4%89%E6%9B%B4%E3%82%92%E8%A6%81%E7%B4%84%E3%81%99%E3%82%8B-e0044a51-6919-46bf-8dac-2e4f300988d5
- Loop の Copilot for Microsoft 365 を使用してコンテンツを書き換える
  https://support.microsoft.com/ja-jp/office/loop-%E3%81%AE-copilot-for-microsoft-365-%E3%82%92%E4%BD%BF%E7%94%A8%E3%81%97%E3%81%A6%E3%82%B3%E3%83%B3%E3%83%86%E3%83%B3%E3%83%84%E3%82%92%E6%9B%B8%E3%81%8D%E6%8F%9B%E3%81%88%E3%82%8B-a3057c16-a065-49e8-ad04-e0a453168377
- Loop における Copilot 共同作業、共同作成、同期の維持
  https://copilot.cloud.microsoft/ja-jp/copilot-loop
- クラウド フローで Copilot の利用を開始する
  https://learn.microsoft.com/ja-jp/power-automate/get-started-with-copilot
- 重要な概念 – Copilot Studio で Power Platform コネクタ（プレビュー）を使う
  https://learn.microsoft.com/ja-jp/microsoft-copilot-studio/advanced-connectors
- Copilot for Microsoft 365 で Power Automate フローをプラグインとして使用する（プレビュー）
  https://learn.microsoft.com/ja-jp/power-automate/flow-plugins-m365
- Power Apps の Copilot の概要
  https://learn.microsoft.com/ja-jp/power-apps/maker/canvas-apps/ai-overview
- 会話を通じてアプリの構築
  https://learn.microsoft.com/ja-jp/power-apps/maker/canvas-apps/ai-conversations-create-app
- Copilot でアプリの編集を続ける（プレビュー）
  https://learn.microsoft.com/ja-jp/power-apps/maker/canvas-apps/ai-edit-app
- チャットボット コントロールをキャンバス アプリに追加（プレビュー）
  https://learn.microsoft.com/ja-jp/power-apps/maker/canvas-apps/add-ai-chatbot
- Power Apps の Copilot の概要
  https://learn.microsoft.com/ja-jp/power-apps/maker/canvas-apps/ai-overview
- Copilot for Microsoft 365 ユース ケースを使用して従業員を強化する – Training | Microsoft Learn
  https://learn.microsoft.com/ja-jp/training/paths/empower-workforce-copilot-use-cases/
- AI が発展した社会はどうなる？今後の見通しや生き抜くための対策も
  https://spaceshipearth.jp/ai/
- AI の進化：過去・現在・未来の展望と可能性
  https://ai.chiba-shii.com/past-present-future/
- 2024 年の AI 業界で何が起きるか？本誌が予測する４大トレンド
  https://www.technologyreview.jp/s/326056/whats-next-for-ai-in-2024/

- ❏ 2024年のAI展望:技術革新から社会的影響までの全解説
    https://reinforz.co.jp/bizmedia/21614/
- ❏ Copilot Lab
    https://copilot.cloud.microsoft/ja-JP/prompts
- ❏ Microsoft Learn
    https://learn.microsoft.com/ja-jp/training/

Memo

Appendix II
索引

索引

A
AI 00

B
Bing Chat 00
Bing Chat Enterprise 00

C
ChatGPT 00
Copilot 00
Copilot Copyright Commitment 00
Copilot for Azure 00
Copilot for Microsoft 365 00
Copilot GPT Builder 00
Copilot in Excel 00
Copilot in Outlook 00
Copilot in Teams 00
Copilot in Windows 00
Copilot Lab 00
Copilot Pro 00
Copilot プラグイン 00

F
Few-Shot Prompting 00

G
GPT 00

I
Intelligent Recap 00

M
Microsoft 365 Copilot 00
Microsoft Copilot 00
Microsoft Copilot Studio 00
Microsoft Designer 00
Microsoft Excel 00
Microsoft Graph 00
Microsoft Graph コネクタ 00
Microsoft Graph コネクタ API 00
Microsoft Graph コネクタギャラリー ... 00
Microsoft Learn 00
Microsoft Loop 00
Microsoft Outlook 00
Microsoft Power Automate 00
Microsoft Power Apps 00
Microsoft PowerPoint 00
Microsoft Teams 00
Microsoft Whiteboard 00
Microsoft Word 00

O
OKR 00

R
Role-Play Prompting 00

S
Semantic Index for Copilot 00
SharePoint Online 00

V
Viva Goals 00

W
Web content プラグイン 00
Windows Copilot 00

Z
Zero-Shot Prompting 00

あ
アウトライン 00
アルゴリズム 00

い
意味解析 00

き
機械学習 00
強化学習 00
教師あり学習 00
教師なし学習 00

く
グラウンディング 00

け
形態素解析 00

こ
固有表現認識 ... 00
構文解析 ... 00

し
自然言語処理 ... 00
商用データ保護 ... 00
人工越知能 ... 00

せ
生成 AI ... 00
セマンティックインデックス ... 00

た
大規模言語モデル（LLM） ... 00

て
ディープラーニング（深層学習） ... 00

と
特化型 AI ... 00
トランスクリプト ... 00

に
ニューラルネットワーク ... 00

は
ハルシネーション ... 00
汎用型 AI ... 00

ひ
非構造化データ ... 00

ふ
プロンプト ... 00
プロンプトエンジニアリング ... 00

Memo

■ 著者略歴

阿部　晴菜（あべ　はるな）
2021年ミラクルソリューション入社。
エンジニア未経験で入社し、Microsoft 365の環境構築案件、AWSやAzure環境でのヘルプデスク業務、Microsoft Windows Serverの運用設計構築業務に携わる。
保有資格：基本情報技術者、Microsoft Certified: Cybersecurity Architect Expert、Microsoft 365 Certified: Enterprise Administrator Expert、LPIC-1

鯨井　裕貴（くじらい　ゆうき）
2021年ミラクルソリューション入社。
エンジニア未経験で入社し、Microsoft Azureを使用した環境構築支援運用業務を経験。
保有資格：Microsoft Azure Fundamentals、Microsoft Azure AI Fundamentals

小島　健一（こじま　けんいち）
2022年ミラクルソリューション入社。
社内ヘルプデスク、マネーロンダリングシステム更改案件、Microsoft Windows Server更改案件などを経験。現在はMicrosoft Exchange Server更改案件に携わる。

田中　伸夫（たなか　のぶお）
2019年ミラクルソリューション入社。
エンジニア未経験で入社し、Microsoft Windows ServerのActive Directory更改案件を経験。その後はMicrosoft TeamsおよびPower Platformを中心としたMicrosoft 365製品の運用、活用促進に携わる。
保有資格：Microsoft 365 Certified: Teams Administrator Associate、Microsoft 365 Certified: Enterprise Administrator Expert

中村　智弥（なかむら　ともや）
2022年ミラクルソリューション入社。
エンジニア未経験で入社し、Linuxのサーバー更改案件を経験。その後は流通系システムのインフラ保守や保守の課題に伴う構成変更作業に携わる。
保有資格：Microsoft Azure Fundamentals

西田　侑加（にしだ　ゆか）
2019年ミラクルソリューション入社。
エンジニア未経験で入社し、弊社の研修後、金融系ヘルプデスクなどの業務を経験。現在はMicrosoft Exchange Serverをはじめとするインフラ製品の構築、運用に携わる。
保有資格：Microsoft Azure Fundamentals

武藤　孝史（むとう　たかし）
2015年ミラクルソリューション入社。
Microsoft Windows Server、Microsoft Exchange ServerをはじめとするMicrosoftのサーバー製品の運用に従事した経験を活かし、現在ではMicrosoft 365やEntra ID、IntuneなどMicrosoftのクラウドサービスの設計や構築に幅広く携わる。
保有資格：Microsoft Certified: Azure Administrator Associate、Microsoft Certified: Azure Solution Architect Expert、Microsoft 365 Certified: Enterprise Administrator Expert

Microsoft Copilot Technology
1ヶ月でAIリーダーになる本

2024年9月16日　初版発行

著者	株式会社ミラクルソリューション
発行者	長岡　路恵
発行所	株式会社ミラクルソリューション
	〒151-0053　東京都渋谷区代々木3-24-3 サンテージ西新宿1.2F
	電話　03-5365-2086
	URL　https://www.miracle-solution.com
印刷	日経印刷株式会社
キャラクターデザイン	がみ

落丁本、乱丁本は小社にてお取替えいたします。
定価はカバーに記載されております。
本書内容に関するご質問などは、ご面倒でも小社まで必ず書面にてご連絡くださいますようお願いいたします。

Printed in Japan　　　　　　ISBN978-4-9913301-1-7